智慧妈妈的亲子整理术

童潼 著

江苏凤凰文艺出版社
JIANGSU PHOENIX LITERATURE AND
ART PUBLISHING, LTD

图书在版编目（CIP）数据

智慧妈妈的亲子整理术 / 童潼著 . — 南京：江苏
凤凰文艺出版社 , 2018.8
ISBN 978-7-5594-2499-0

Ⅰ . ①智… Ⅱ . ①童… Ⅲ . ①家庭生活 – 亲子教育
Ⅳ . ① TS976.3

中国版本图书馆 CIP 数据核字 (2018) 第 148582 号

书　　　名	智慧妈妈的亲子整理术
著　　　者	童　潼
责 任 编 辑	孙金荣
特 约 编 辑	段梦瑶
项 目 策 划	凤凰空间/翟永梅
出 版 发 行	江苏凤凰文艺出版社
出版社地址	南京市中央路165号，邮编：210009
出版社网址	http://www.jswenyi.com
印　　　刷	固安县京平诚乾印刷有限公司
开　　　本	889毫米×1194毫米　1 / 32
印　　　张	5.25
字　　　数	105千字
版　　　次	2018年8月第1版　2023年3月第2次印刷
标 准 书 号	ISBN 978-7-5594-2499-0
定　　　价	39.80元

（江苏凤凰文艺版图书凡印刷、装订错误可随时向承印厂调换）

前言

在我接触的整理案例中，90%都是有孩子的家庭。抑或是因为孩子的到来，家里变得无法掌控；抑或是因为家长意识到环境对孩子的重要性，想要做出改变。无论哪种，提到整洁有序的家，妈妈们对此都万般无奈。而这些家庭里，有拥挤的一居室，也有宽敞的别墅，烦恼却是如出一辙。

> 自从有了"熊孩子"，家里到处被塞爆

"家里到处都是东西！"这是我在整理指导中，最常听见客户抱怨的，也是大部分家庭的真实现状之一。孩子的降临，带来了物品数量的急剧增长。我们希望把一切都给孩子，从吃喝到玩乐生怕有一样遗漏。随着二胎政策的开放，越来越多的家庭选择再添一员，物品数量更是翻上一番。

> 让孩子收拾一下房间，喊破喉咙都不动

面对着数不清的玩具，妈妈们都希望有一个能干懂事的孩子。但事实是整理之战"硝烟不断"，"我也希望孩子自己能收拾好，可不管我说什么，他就是不听。"这样的烦恼几乎每个妈妈都有。最终妈妈们一边发着牢骚一边不知不觉地又替孩子整理好了。如此，家中每天上演着孩子玩，家长跟在后面收的场景。

问及为什么家里会乱，大部分妈妈的回答都是"忙"。想来也是，妈妈们结束一天的工作直奔菜场，回到家洗洗切切一阵忙，而一旁是声声呼唤的孩子。晚饭结束，刷锅洗碗，洗衣拖地。还没有缓过神来便又要准备哄孩子睡觉。这时通常也已筋疲力尽，实在没有精力再去整理。好不容易盼到周末，便又开始带着孩子奔波于五花八门的补习班。就这样，女性每天在职员、妻子、母亲的角色中任意切换。

> 工作、家务、带孩子，哪有时间做整理

指望孩子整理的美好愿望破灭，妈妈们想着自己勤快一点也就罢了。埋头捡完了散落一地的积木，摆好了沙发上东倒西歪的玩偶，细心地区分开混杂在一起的手工品。不料转眼之间，玩具已被全盘倒出。妈妈们已要崩溃，而孩子们对这一切浑然不觉。当然，这样的情景，恐怕每天还会上演很多遍。为了防止悲剧重现，很多妈妈干脆选择了不整理。

> 前一秒才收拾好，后一秒又恢复原样

你和孩子是否也经历着同样的场景，也被这些烦恼所困扰呢？

接触了越来越多的上门指导，看到了形形色色的人、物和空间，才让我发现，这绝不是个例。我开始试着在网络搜索"亲子整理"，却并没有对应词条解析，也没有相关内容。很想将我所知道的告诉更多的人，可自己的力量终究有限。庆幸现在有这样的机会，可以通过此书将我所见所知所想倾诉给大家。哪怕给到您一点启发，本书便有了存在的意义。虽不善写作，没有华丽的辞藻，却都是我在整理道路上一路走来最真实的感悟。

欢迎您和孩子，来到亲子整理的世界

最后，真心地感谢您购买了这本书。不管您是一位为了孩子的整理已经焦头烂额的母亲，还是一位想为家庭出力的父亲。相信您的生活将会因学会了书中的方法而变得轻松自在，而孩子的一生也有可能会因此而发生奇妙的改变。

整理收纳的困扰并非没有办法解决，整理收纳本身也并非只是摆弄柴米油盐。在这本书里，我会通过理论引导、实际操作及案例分析相结合的方式，系统地讲述亲子整理。让大家走出对其认知的误区，看到真真实实的中国家庭状态，找到适合自己的整理方法。

著者

2018 年 7 月

目录

第二章 方法篇
○ 带上孩子，一起动手做整理

37

第三章 案例篇
○ 告别整理烦恼，打造轻松自在的亲子空间

101

第一章

理 论 篇

搞清现状，整理有方法

孩子，我们一起整理吧

面对家中杂乱的场景，你一定迫切希望习得一个秘籍解决所有问题，但你有必要先弄清，本书的重点并不在于妈妈们自己如何高水平地完成整理，而是掌握亲子整理术，带领孩子一同解决。是的，你没有看错，是让孩子自己去解决。

什么是亲子整理呢？

在人类的生存行为中，能够接触到的有形体可以总结为人、物品和空间三者。亲子整理正是了解孩子的需求，结合对孩子成长空间的规划，构建孩子物品的收纳体系，从而达到三者之间平衡的行为。并且整个整理行为以亲子感情为纽带，由家长和孩子共同学习、共同完成，使整理收纳不再是妈妈一个人的事情。

既然整理收纳的困扰是共性的问题，那我们就先从人、物品、空间三个方面去了解一下中国家庭的现状。

知道这些，让整理更顺利

整理不仅是家务，更是对生活的态度

整理让我走进过同一个小区同一个户型的家。若非亲眼所见，我也并不能真实感悟到人对家的关键意义。不同的生活习惯让家呈现了不同的状态。而习惯来源于行为，行为最终由意识决定，只有人的意识发生改变，才有可能真正改变 。

你正视过你的生活现状么 ？

我们每天如同旋转的陀螺，从没有停下脚步歇一歇。家庭的混乱不该和温馨画等号，顺其自然的背后其实是无能为力。我想如果可以选择，没有人会放着整齐的房子不要宁可住在脏乱的房间里吧。

你认真思考过整理的目的吗 ？

整理本身不是目的，为了更好地生活才是。方法只是工具，如果我们对整理收纳的认知始终停留在家务层面，那么我们恐怕永远都用不好这个工具。这就是我们学了那么多技巧，看了那么多视频，却没有效果的原因。整理前不妨问问自己到底为了什么。

你引导过孩子去做整理吗？

因为对整理认识上的片面性，所以我们在对待孩子的整理问题上也并没有引起过重视。"孩子还小，长大就好了"的观念麻痹着我们，而真正等孩子大了，习惯已经养成，想要再去改变已是无能为力。

亲子整理的关键点不在于家长代替孩子的整理行为，而是让孩子参与进来，学习并自己完成整理。生活是自己的，没有人可以代替，包括父母。我们总是埋怨孩子不会整理，不如想想我们到底有没有教过他如何去做。

另外，说到人就不得不说中国家庭的一大现状，三代同堂。因为工作压力，孩子没人照看，老人来同住带孩子的家庭非常多，那么在整理中因为观念不同，而产生分歧的事情屡见不鲜。

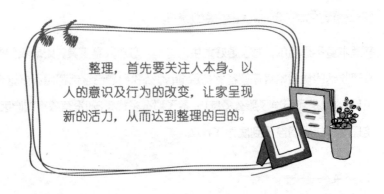

整理，首先要关注人本身。以人的意识及行为的改变，让家呈现新的活力，从而达到整理的目的。

不要让物品和你抢地盘

整理收纳的直接对象就是物品。我们生活在物质泛滥的大时代背景下，一方面物品的获取变得轻而易举，一方面人们生活水平日益提高，购买力直线上升。

在孩子成长的过程中，被无数物品所包围。物品一多，自然没地方放，此时我们就拼命地在家中增添家具和收纳工具，希望能全部塞进去。如此便出现了物品越来越多的死循环，本应是给人来居住的房子却在无形中让物品和自己抢地盘。

纵观所有家庭，物品状态大抵相同：

● 每个孩子的物品动辄多达数千件。
● 物品多数处于混乱、肆意摆放的状态。
● 因为多而不珍惜；因为多而被遗忘在角落。
● 所有物品中，真正在使用的不足 30%。

孩子之所以做不好整理，一个重要的原因就是物品多。在我的指导案例中，通常孩子一人的衣橱就要整理 3 小时以上，更有甚者需要 8 小时。可想而知，孩子自己如何能完成。

尊重孩子，就是给他准备独属的空间

空间的现状上，很多家庭并非真的东西太多没法整理，而是处于收纳空间富余东西却摆不下的状态。造成这种状态的原因有收纳体与收纳物的不匹配，比如衣服少书多，但是衣柜大，书柜却小；还有的是内部格局不合理，利用率较低，物品只好堆放在外面。

空间的分配上，中国目前住宅情况以两到四室为主，亲子整理中孩子空间分配情况大致可以分为以下几个阶段：

0-3 周岁（婴儿）

大部分家庭在孩子0-3周岁时并不会准备独立房间，一方面家中老人因带孩子需同住，并不一定有房间可以分配；另一方面，孩子尚小，需要寸步不离地照顾。即使有准备儿童房，此时也多当作储物间使用，且为储存大人的物品。孩子基本都与父母或老人同睡，活动区域多为卧室和客厅。这一阶段基本与父母共用衣橱甚至随处摆放；玩具分散在家中各处，多借助收纳箱、筐等完成收纳。零星的一些绘本堆放在床、沙发或暂放在大人的书柜中。此时孩子物品的收纳体系还未建立，家中没有真正意义上为孩子准备的收纳区。

**3-6 周岁
（幼儿）**

孩子在3-6周岁会进入幼儿园，这时父母开始有意识地腾出独立房间，但出于舍不得或孩子还无法独立，从有意识到具体实施通常还会经历一段时间。这一时期的孩子依旧多为与父母同睡。随着孩子的物品逐渐增多，生活需求增多，家中一般会添置收纳柜等。即使没有独立的房间，也会在客厅等区域划分出相对独立的空间给孩子。

- -

**6-10 周岁
（儿童）**

这一时期孩子的物品种类结构发生改变，出现更多的收纳需求。为了迎接孩子步入小学，家中陆续添置了书桌、书柜等，这时儿童房正式成型，而且这一设置基本会陪伴孩子到大学以后。很多家庭开始尝试分房，当然根据孩子成长的差异性，仍然有不少孩子与父母同睡。

- -

10 周岁以后

10岁是孩子成长时期的一个的转折点。不管是孩子还是大人，更愿意借助10岁生日party这个仪式感，彻底完成分房。

拿什么迎接你，我的孩子

为了迎接孩子的到来，我相信你一定忙得不亦乐乎，盘算着还有什么东西没有准备齐全。然而对于孩子来说，再多的物质都比不上一个好的成长环境。

孟母三迁的故事世代流传，我们并非不知道环境的重要性，为了给孩子一个好的学习氛围，不惜付出所有财力，而我们却往往忽略了孩子每天所在的成长环境。这里的环境有两方面，一是家庭的外在环境，另一方面则是父母引导的内在环境。而这也正是空间与人的两方面。

给孩子准备一个温馨的家

有研究发现，成长环境影响着孩子大脑的发育，深深影响着孩子早期的心理和性格形成。那么说起环境，你首先想到了什么？是一个大大的房子还是金碧辉煌的装修？其实孩子真正需要的只是一个整洁、适宜的家。

整洁

一日，孩子犯错，我让他去墙边站着反思，他很疑惑地说可是这里没有钢琴啊。我询问了半天才搞明白，原来孩子教室里面有一架钢琴，而钢琴的背面角落处就是老师设置的反思角。

对于幼时的孩子来说，所见即所知，他依靠不断吸收外界的养分形成自己的认知。不难理解，如果孩子生来就在一个整洁有序的家，他对家的理解便也是如此；如果家里总是杂乱无序，孩子便认为这才是家该有的常态。而这一种认知甚至无意识地影响到他未来的家庭，影响到他的下一代。

我们发现孩子在幼儿园时，一个个都化身小能手。帮着老师收拾玩具，摆放好桌椅，不亦乐乎，回到家好像就失去了兴趣，我们有没有想过这到底是为什么呢？

不难发现，幼儿园的设施配备都以孩子为标准，而纵观我们家中，有多少真正属于孩子的家具呢？永远够不到的书柜，费劲才能攀爬上去的桌椅。孩子仿佛置身于巨人国里，这是对孩子心理需求的最大忽视。这种情况下，我们还要求孩子打理好一切，岂不是强人所难？

这时，家长要做的是凭借智慧尽可能为孩子的使用提供方便，而不是熟视无睹。比如给孩子添置一组尺寸匹配的桌椅，换一个可以轻松放置好玩具的收纳篮。

亲子整理，让孩子形成自己的思维方式

本着"不能让孩子输在起跑线上"的口号，从孩子几个月大开始，各式早教铺路，进入幼儿园、小学，五花八门的小课铺天盖地，少上一门家长都万分焦虑。我们可曾想过，真正的起跑线到底在哪？

日常培养

古语云"养不教，父之过"。父母是孩子的第一任老师，家庭才是孩子的第一所学校。在这所学校里我们最需要学习的便是培养良好的生活习惯及自理的能力。不少家长在家里什么都不让孩子做，却报名夏令营冬令营言之为了培养孩子的独立性，未免有些舍近求远了。

主动引导

我们往往把希望和责任都寄托在学校和辅导机构的身上，却忘记了作为父母应该担负的引导作用。我们并非教育专家，说不出什么权威的教育方法，但至少我们可以引导孩子如何去生活。从整理好自己的物品开始，打理好自己的人生。能整理好自己物品的孩子，反映出的更是他的思维方式和自律性，而这些对于孩子来说才是最重要的。

"三岁看大，七岁看老"。七岁前是人生重要时期，在这一时期形成的习惯、性格甚至影响一生。所以，请从现在起开始引导孩子吧。

亲子整理，从现在开始

> 我的亲子整理客户大致分为两类，一类是为了
> 解决客观的物品问题，另一类则是希望能通过
> 整理培养孩子的自理能力，而这一类多数为 10
> 岁左右学龄段孩子的家庭。

然而，孩子整理意识的培养在一岁半即可开始，三岁左右才是黄金时期。也就是说，大众所认知的孩子整理意识的培养期足足晚了七年。很多家长认为孩子还小，做不到，不需要，却往往错过了最佳培养期。整理意识的培养最终目的是培养孩子良好的生活习惯及优秀的品格。

各成长阶段都与整理收纳有关联

其实每一个孩子生来就有秩序感，有秩序的环境会让孩子感到舒适。所以我们不难发现即使是刚会走路的孩子，他们也会去扶起倒下的垃圾桶，这便是试图恢复其应有秩序的潜意识。这样的行为绝不是偶然，但这些往往被家长忽视，最后采取制止、代劳等手段断绝孩子的整理行为。其实孩子的成长和整理收纳息息相关。

虽知道其中道理，但我终究不是教育专家，如何能让人信服？好在，我在蒙台梭利的早期教育法里面找到了对其的解释。

> **2-3** 岁建立时间和空间感的关键期

> **2.5-3.5** 岁培养孩子规则意识的关键期

> **3** 岁培养孩子动手能力以及独立生活能力的关键期

而以上这些都可以通过整理意识的培养来实现。房间里的家具如何摆放，物品如何收纳，便是与空间的关联；使用完的物品放回原位，这便是规则意识的体现。如果父母在这一时期有意识地灌输规则意识，那么很大程度决定了他一生对规则的认识。

整理绝不局限于整理好玩具、书籍。从简单的事做起，画完画，引导孩子将笔帽套好，这就是整理；刷完牙，让孩子自己将牙膏和牙刷放入漱口杯，这也是整理；哪怕是吃过点心，将包装扔进垃圾箱，这也是整理。它来源于生活中的每一件小事。

适当放手，把生活交还给孩子

孩子很小的时候，看我们做家务，他们总是很好奇地想来帮忙；我们拎着大包的东西，他们涨红了小脸也逞强要拿。但通常情况下，我们会嫌孩子捣乱或是动作太慢而制止。

培养孩子自强自立的道理无人不知，但是我们的行为似乎不受大脑控制，总是无意识地替孩子完成所有。你真的考虑过孩子的真实想法吗？还是自己就帮孩子做主了。

"孩子还小，做不了。" "只要好好学习，其余什么都别管。" 过度的关爱让孩子甚至丧失了基本的生存能力，衣来伸手饭来张口的画面在中国家庭时有发生。

就这样，我们事事包办，亲力亲为。当孩子们成年才发现除了学习什么都不会，大学还要父母陪同去铺床的不在少数，也因此造就了母爱泛滥的产物——"巨婴"。

细细想来，孩子真如家长以为的什么都做不好吗？答案是否定的！

孩子远比你想象中能干

在我的育儿理念里有一条首要原则就是做一个"懒"妈妈。我的"懒"使得孩子非常能干。

父母不应该剥夺孩子最本能的生活能力，要把生活交还给孩子。在这个过程中磨炼自己，体谅他人之不易；让孩子从独立饮食起居到整理自己的物品，打理自己的生活，形成独立自强的品格，这恐怕才是生存的第一要素。

我们能做的，是为孩子的独立尽可能提供方便。够不到的水池前准备一个凳子；餐桌上时刻准备好一壶温水，足矣。

茶杯放在孩子触手可及的位置，饮水机的使用只教过两次，孩子需要喝水便自己倒，不需要再喊妈妈

23

你教过孩子如何整理吗 ❓

很多妈妈都向我哭诉，何尝不希望孩子能自己整理好房间，可他就是不听。我们可能除了抱怨也并没有问过孩子原因吧。在与不少孩子的沟通中发现，他们是因为不会，所以才不做。

我们不妨回想一下，当你希望孩子收拾房间时，你是怎样做的呢？

最常听见的就是："快把玩具收起来！""把房间赶紧整理一下啊！"不要说对孩子，恐怕我们自己都解释不清到底什么是收拾，怎样做才叫整理吧。孩子无动于衷也是情理之中的事情了。

想要孩子能够听从，必须明确地告诉孩子该如何做，并且注意表达方式要随着孩子的成长而有所变化。

对于一周岁多刚刚能听懂话的婴儿来说，要明确地告诉孩子将物品放置于何处，到底是沙发上还是柜子里。两周岁的孩子通常开始学着辨认颜色，这时可以让孩子试着将某样物品放在蓝色的盒子里。而三周岁的孩子逐渐有了空间感，这时指令可以变为将物品收在左边第几个筐里。必要时，家长应该示范，在这个过程中，一方面可以练习孩子的认知力，另一方面明确地告诉孩子如何去做，孩子才能明白家长口中整理的含义。

沟通方式很重要

我们通常在与孩子的沟通中，习惯用命令式口吻去表达，甚至带有威胁的意味，比如："赶紧把玩具收拾好，不然我就全扔了。"这样的表达是有弊端的，而应该蹲下身询问："你和妈妈一起来收拾玩具好不好？"我们来细看两者的区别。

1. 命令即代表言出必行，并非不能有命令，而是一旦下达，便必须做到。

难道孩子不收我们真的会全扔掉吗？既然做不到，这样的威胁反而让孩子知道命令是可以不服从的，以后便更难管教。我们不妨大胆试想如果说到做到，扔个几次孩子自不敢再不收拾了。当然不是提倡家长们真的如此去做，所以在与孩子的沟通中，还是少下达命令为好，而明知做不到的事还是不要说的好。

这个原则同样适用于立规矩。很多父母都苦恼，在出门前说好不买玩具，结果上街看到了，不买便哭闹不止，绝不罢休。这便是因为规矩从第一次设立开始便被自己的妥协打破了。孩子很聪明，有了一次，以后便再也不会听了。所以既然想要立规矩，那便好好坚守。

2. 引导式的表达，是在尊重和理解的基础上，与孩子进行沟通。

采用引导式语气，一方面不必打破自己的权威性，另一方面蹲下身与孩子平视，以朋友的身份去沟通，我想孩子会更愿意配合吧。即使是不愿意整理，孩子也有权利表达自己的意愿，不妨听一听孩子的想法和理由。

另外，家长参与其中也是不错的选择。比起站在远处两手叉腰，不如利用有趣的方式带领孩子一起边玩边整理，这也是增进亲子感情的好途径。并且，在整理过程中，多一些赞扬和鼓励，让孩子知道自己可以做好，便不会再觉得整理是一件困难而又枯燥的事情了。

"熊孩子"背后有对"熊爸妈"

每当妈妈们向我抱怨孩子生活习惯不好，东西到处乱放的时候，我常反问："您自己做得如何？"虽言语直接，但一语中的。

当我走进客户家中，一览客厅的状况，儿童房的情况便也能猜个一二。如果整个家庭环境整洁有序，那么孩子的房间也一定不会太差；如果杂物随意堆砌，那么孩子的房间也一定是惨不忍睹。

孩子是家长的影子，家长的一言一行，完全影响着孩子的行为与成长，而这种影响并不容易被察觉，等到发现时可能已成定局。以身作则的道理没有家长不懂，但真正实施起来便没有那么容易了。

作为一个成人，袜子脱下来随处乱放，文件资料堆满书桌，如何去要求你的孩子收好玩过的玩具，整理乱七八糟的书桌呢？在我们指责孩子不会收拾的同时，不如先审视下自己。

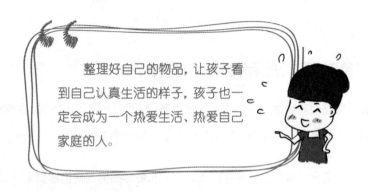

整理好自己的物品，让孩子看到自己认真生活的样子，孩子也一定会成为一个热爱生活、热爱自己家庭的人。

我很庆幸，在孩子两岁的时候，我接触了整理并踏上了学习之路，给孩子竖立了好的榜样。

现在的他已经不仅是收纳好自己的物品，家里的整理工作他也会去分担。每周一次的超市采购回到家，我将东西暂放在地上，便去忙着换衣服，再等我出来时发现孩子正在一件件地把物品归位。零食点心放在餐边柜的抽屉里，水果放在餐边柜上的篮子里。第一次见到时我很是惊喜，因为这一切并不是源于我的要求，也并非我强行教学。细细想来，我每次回来便是这样去做，他耳濡目染罢了，可见家长的影响有多深。当然这一切的前提是物品有固定位置，不然妈妈们自己都说不清该放在哪，更别说孩子了。

家里的归位他还不过瘾，每次去超市，他一定要"多管闲事"地将散落在卖场的购物车推回原位，我拎着满手的东西着急回家，虽有些哭笑不得，但也绝不会阻止。听到超市的阿姨表扬他，他便一次比一次更起劲了。

我正在做衣橱换季整理，他坚持要来帮忙。从打扫衣柜到
折叠衣服，不亦乐乎

选购食材回到家第一件事，便是将物品归位放好

好习惯也可以"说"出来

我们都说孩子不愿意整理，不配合整理。我们只要求孩子做，却从来没有告诉过他为何要做、如何去做。人是具有目标性的，只有目标及回报明确时才可能为之努力。

我们要学会去"说"，给孩子清晰、正确的整理方法，通过实际的整理告诉孩子：

1. 好好使用玩具，玩过送它们回家，玩具才能长久地和他做好朋友

2. 把书按类别摆放整齐，下次使用时便可以迅速找到需要的那一本

3. 将杂物从书桌清走，才能更加专注地学习……

整理教会我们如何更好地生活，它是一个人应该具备的最基本的能力。

当然，我们还要明确地告诉孩子，什么是不对的。整理收纳的习惯培养同其他行为习惯是一样的，如果孩子在随地丢弃垃圾的时候我们没有告诉他这是不对的，他便会一直这样丢弃，整理也是如此。当孩子出现随手乱放，用完不归位的情景时，第一时间便要指正，才能引导孩子养成正确的行为习惯。

注重界限，空间反而让你跟孩子更亲密

"地盘"划分，给孩子一个独立成长的空间

很多父母纠结于要不要为孩子准备独立房间，答案是肯定的。即使迫于现实状况，有些家庭并不具备设置独立房间的条件，也至少要给孩子一块独立的区域。独立空间有利于培养孩子独立的个性。

我们知道动物是具有领地意识的。在一块区域长期生活，认为此处就是它的领地，不允许其他生物来侵犯，一副"我的地盘我做主"的姿态，人亦如此。在一个自己能够完全掌控的空间里，我们会感到安全舒适，孩子会更愿意为之去努力。

还有一种现象很普遍，孩子的区域是有的，但是被父母大量的物品所侵占。东西多、空间小是大部分家庭面临的现状。在装修时为了保证收纳空间的充裕，能打上柜子的地方一处都不放过。正式入住后，物品也基本是无序摆放，从未想过所需要收纳的物品与空间及人之间的关系。家中的杂物因为放不下而侵占孩子空间的案例比比皆是。孩子不愿意整理也正因为如此。

界限感，即亲近
地保持距离

保持个人的独立空间，彼此相对自由，亲密无间而又互不干扰，在心理学上，我们称之为界限感。越亲近的人越需要界限感，而这种界限感不光指空间上的，也包括不被侵犯的自主权。中国父母想要控制孩子的一切，正是缺乏界限感的表现。而我们常把这跟"人情味"扯上关系。

而对孩子自己来说，也需要培养界限感的意识。自己的物品数量是否超过收纳体的承载量？自己的物品有没有占用别人的空间？这些都是界限感。

因为"没地方"而堆放在孩子床上铺的反季节家用电器，落满灰尘，遮挡光线，
而孩子除了睡觉还经常在下铺的床上看书

BEFORE

此案例中，次卧沦落为杂物间，而孩子并没有真正属于自己的空间，只能在客厅玩耍、学习。孩子已经 6 岁，忽略了孩子对空间的需求

AFTER

经规划整理，将次卧（原杂物间）设置为孩子的独立空间。让孩子学着维护好自己的地盘，体会妈妈的辛劳

空间设计，适应孩子的成长需求

友人新家装修请我帮忙做空间规划。我们相谈甚欢，友人唯独对儿童房方案，面露难色。

基本状况

一个两室一厅的三口之家，孩子处于幼儿园中班阶段。

推荐方案

结合房屋实际情况(此方案无共通性)，推荐儿童房使用下部悬空式高床，下层空间则可以配备衣柜等收纳体用于存放物品；抑或是摆放孩子的玩具，打造一个娱乐的空间。

可是方案被拒绝了。理由是："**孩子长大了怎么办？**"

很多家庭在买房装修时还没有孩子，设计次卧时即使想到未来会用作儿童房也只是照搬常规格局；还有很多家长如同我的友人一般，即使知道是孩子使用，设计上也多会选择一次性到位。但我们忽略了孩子是在成长的，基础设施也应该随之调整。难道因为孩子早晚会长大，现在就要给他穿大人的衣服吗？在儿童房的设计上也是如此。

在进行空间规划时，我们要充分考虑到孩子成长过程中的需求，尽量不要选择一次到位或常规格局的设计。

孩子的成长需求主要有两点：

其一，空间需求。 孩子的成长中需要进行学习、娱乐、阅读、休息等一系列行为，那么就需要为之准备对应的空间及相关设施配备。

其二，使用需求。 设施配备是否与孩子的使用能力相匹配。

友人拒绝了我的方案后，采用了中国式房间的标配，选一面墙做一个顶天立定的大衣柜，床在正中间，一边一个床头柜。本就不大的房间只剩下两条小过道，孩子的使用需求被忽略了。

而基础设施的配备如衣柜格局，悬挂区高达两米，名之为孩子的衣橱，孩子却根本没有办法使用。家长只看中可以收纳更多的物品，但这个收纳需求还是家长自己的，最终家长的物品便会不自觉地进入。这又回到了我们之前说的空间侵占的问题。

针对这种状况，我们建议：

1. 在实际使用中，儿童房的床尽可能靠一边墙放，空间不要分割。

2. 我们不可能像换衣服一样更换家具，所以在儿童房的设计上，应尽量采用灵活可变动的设计，减少固定性的配备。随着孩子的成长而调整，以适应变化的需求。

第二章

方法篇

"通力协作"
生活好轻松！

带上孩子，一起动手做整理

如何开始整理

复乱几乎是所有人的烦恼，"整理好没几天又恢复原状"的苦水吐也吐不完。其根本原因在于你的整理行为就有可能根本无效。

我们认知中的引导孩子做整理，就是让他把用过的物品放回原位，恢复原状，但现实是，没有原位，原状也不尽如人意。大部分家庭即使把物品摆放得很整齐，但物与物、物与空间还是处于混乱的状态。所以，我们必须先做一次彻底地整理，重新规划物品及空间的秩序感，达到美好的状态，在此基础上的归位才是行之有效的。而这个整理过程，才是我们亲子整理的重心，需要家长引导孩子一同完成。

做好整理，分类很重要

整理要按照物品类别先进行分类，具体以孩子与物品之间的密切度来决定。比如0-6岁的孩子，可以从娱乐类开始，6岁以上孩子则可以把娱乐类放后。

娱乐类 ＞ 书籍文件类 ＞ 小物品类 ＞ 衣物类

轻松整理六步法

整理要有计划、有步骤、有顺序，条理清晰地进行，简单归纳为如下六步：

清空 ＞ 选择 ＞ 分类 ＞ 定位 ＞ 收纳 ＞ 维持

 第一步：清空

是什么

我们对整理收纳的理解是如何把物品收起来，所以常见场景是把散落在地上、桌上等暴露在外部的物品通通塞进抽屉、柜子，然后"关门大吉"。但实质上只是把混乱的物品移到他处，这样的整理是无效的。我们说要重新建立物品的秩序，如同重新列队组团，所以必须将某一类物品全部从收纳体中清出来，集中在一起，以便我们去重新审视。

为什么

通常在整理之前，物品为四处散落的状态，集中之后，我们能够更清晰地看到所拥有物品的数量、形态。长期不触碰的物品得以重见天日，找不到的物品也能趁这个机会全盘清出。通常在这一步时最常听到妈妈们对孩子无奈地说："原来在这儿，上次因为找不到买了新的。"当然也常听到孩子们惊叹："我居然有这么多东西啊！"

同时，清空能够让我们看清收纳体全局，有利于空间的重新规划，更方便我们决定何处放置何物，还可以借机清扫下卫生。

怎么做

我们前面说过要按照物品种类进行整理，所以在清空时可以按照物品的类别来做。借由这次彻底的整理，应该将所有物品全部清出来。虽然我们强调，同类物品必须全部清空集中，但对实际操作有一定要求，比如我们要有充裕的时间完成整理；要有足够大的地方摆放所有物品；自己的身体能承受巨大的工作量等。所以，我们需要结合物品数量及实际能力，决定一次清出多少。

清空后的衣橱底部，衣物堆积并没有机会可以打扫

 第二步：选择

是什么

选择就是在繁杂的物品当中，选出对自己来说最重要的。这似乎成了一种能力，并且不是所有人都具备。当我跟妈妈们提及引导孩子做选择时，得到的答案惊人的相似："我们家孩子什么都说要。"其关键还是在于家长没有正确地引导。选择其实是在帮助孩子建立自己的取舍标准，形成自己的价值观。

为什么

选择是为了让自己把精力放到最重要的事物上去。另外，在选择中让孩子发现自己，我们也能更加了解孩子的想法和喜好。通过选择的训练，不仅锻炼了孩子的决断力，也教会他学会告别，毕竟成长道路上总会遇到一些离别，这对孩子今后需要面临抉择时，无疑是最好的锻炼。

减少物品就是减少精力的分散。当我只有一支笔的时候，我拿来就写；而当我有十只笔的时候，我恐怕要好好想想到底用哪一支才好。只留下孩子感兴趣的物品，孩子才会更加专注。

怎么做

我们常发现，父母总是在帮孩子做选择。孩子很喜爱的物品，家长偷偷丢掉的例子不在少数。另外，在指导中发现，孩子做了决定后，家长一般都持有不同意见，甚至怪孩子："这个才穿了两次还是新的你就不要了？""这个买来很贵的，还好好的呢。"孩子感觉受到了指责，便不敢再吭声，再面临选择时不敢做主而求助于父母。

我们倡导，孩子做物品的选择时，家长要充分尊重孩子的意愿。尤其是针对 6 岁以上的孩子，由家长引导，而孩子才具有最终决定权。且在孩子做出决定后，家长可以询问原因并探讨但不可以质疑。而对于 6 岁以下的孩子，从他能听懂话开始便可以试着与他进行反复的沟通练习，而很多妈妈在一次询问后，孩子只要说什么都要便不会再引导。

随着孩子的成长，上次决定留下的物品现在可能要丢弃了，这是成长最好的证明。当然也有很多孩子出现过误丢的情况，明明自己说不需要没过几天又想买回来。面对这样的情况，家长应该正确引导。如果孩子确实喜欢，再买回也无妨，这就是他认识自己的过程，家长不必过多指责。

选择到什么数量呢？其实没有所谓的正确答案，只要孩子能够自行管理，妥善保管，便可以留下。

对于筛选出来准备舍弃的物品，要根据精力决定如何处理。如果精力充足，可以选择卖二手等方式；如果精力有限，可以将物品打包好直接放置在楼下，一定会被有需要的人拿走，不必再担心其去处。

第三步：分类

是什么

分类就是把选择留下的物品按照其种类、性质等分门别类。我们不难发现，幼儿教育最初接触的便是分类。看看习题册里的练习，从找到相同的一个或不同的一个开始，再往后便是找出同类。我们好像无时无刻不接触着分类，男人、女人、老人、幼儿，但真正面对自己的物品时，好像思路并没有那么清晰。

请你把下列物品分成三类，并放到储物柜上

为什么

分类帮助我们更好地认识世界。想要做好分类，就必须找到物品的内在秩序，它需要孩子的辨别能力，通过对大小、颜色、形状、材质、功能等方面的辨别做出区分。同时，分类也是对孩子逻辑能力最好的训练。

分类的意义在于帮助我们更好地管理物品。分类就像是公司的各部门，按照部门管理物品似乎变得轻松许多。

怎么做

随着孩子的成长，分类应由易到难，由粗到细。分类方式可多听听孩子的意见。同样的物品有多种分类方式，不如当作一个训练去发挥孩子的想象力，同时家长也说出自己的意见，无疑也是促进亲子关系的一个很好的途径。

 第四步：定位

是什么

我们在做整理时可能从来没有想过定位的问题，你也可能第一次听说这个概念。家中什么区域放置什么物品从未认真思考过，不整理还好，一整理反而找不到的情况屡见不鲜，这都是因为没有做好物品的定位。给选择留下的每一类甚至是每一件物品找到最合适的地方，且位置一旦决定，不要随意更改，这就是定位。

为什么

回想我们的日常生活，经常遇到一些现象：快递来了，堆在门口越来越多；大街上拿回来的扇子不知该放哪，索性随手一摆；前几天孩子带回来的通知单却怎么都找不到。因为没有做好物品的定位，随之带来的就是家里越来越乱，东西越堆越多。如果我们为每一样物品找到合适的地方，便不会出现找不到的情况，不会再为了放在哪而绞尽脑汁，家里也会井井有条，同时也为我们后续的归位建立了基础。

怎么做

什么物品到底该放在何处，也在锻炼着孩子宏观把控的能力。以孩子的理解去完成的定位，我想再也不会出现"妈妈，我的钢笔在哪里"这样的情况了吧，这里有几大定位原则家长们可以参考：

① 同类集中

同类集中是最高效的物品管理方式，一类物品尽量只放在家中一个地方。这样一来，即使孩子没能记住某支钢笔的准确位置，想着去学习用品那一类的区域去找一定不会错。同理，使用完毕后，也能轻松知道该放回何处。

② 就近原则

懒是人类的天性。为了喝水，绕过玄关，跑去阳台拿水杯再回到厨房倒水的事情我想谁都不愿意做吧。同理，如果孩子在房间写作业，却要跑去客厅拿文具真是不太合理吧。所以物品的收纳位置要遵循就近的原则，放置在使用地附近也减轻了归位的成本。

③ 合适高度

我们说要给孩子一个适宜的成长环境,位置太高很难自己拿取和归位,所以物品的定位也一定请以孩子的身高为基准。尽可能定在伸手可及的地方,有利于孩子进行独立的整理收纳行为。在他自由拿取物品的时候,我们能够看到他的内心需求和喜好。

第五步：收纳

是什么

传统认知里我们所说的收纳其实就只是这一步——摆放行为。定位解决了物品摆放何处的问题，那么收纳就是解决如何摆放的问题了。摆放不是单纯的体力劳动，如何摆放也决定了最终的整理效果及其持久性。

怎么做

不同的物品到底该如何摆放，不仅体现了家庭成员的归纳能力，同时还能锻炼孩子灵活应对的能力。对于物品的收纳，具体有以下几个方面可以参考：

① 方便取用

我看过很多家庭喜欢使用收纳箱，把玩具或者书籍装箱后一箱箱摞起来，既能装又省地，我们却没有考虑过孩子的拿取成本。特别是想要拿到下面一箱的物品，必须先搬开上面的，对于孩子来说，难度过大，更不要说使用完能够放回去了。所以，在亲子整理的收纳中，物品的摆放方式尽量满足一个动作即能拿取的原则。

② 二八原则

此原则适用于两方面，一是指物品的摆放不超过收纳体的 8 分满。我们常见的想法是塞得严严实实，不浪费一丝空间才好。但没有想过，如果收纳体摆放过满，有新的物品进入时没法摆放，又将造成堆叠，或者挤压严重也不便于拿取。二是指收纳物 8 分藏，2 分露。令人赏心悦目的物品可以展示，零碎杂乱的物品需要隐藏；最常使用的物品摆放在外面，剩余的隐藏起来。

依据二八原则进行摆放，方便取用的同时，还为新物品的进入留有空间

51

③ 统一容器

物品的摆放某些时候需要借助收纳工具才能完成。在收纳工具的选择上就需要注意了。物品本身已经非常繁杂，收纳体实在没有必要乱上加乱。塑料袋是我们中国家庭的收纳神器，色彩艳丽，摆放物品后没有支撑，是造成家里凌乱的一个重要原因。我们尽量选择统一颜色、统一款式的收纳容器去摆放物品。而颜色的选择上尽量避免艳丽、有花色图案的，要多使用素净的颜色。如果十分喜欢彩色，则建议使用色彩饱和度较低的马卡龙色。

统一收纳盒放置物品，视觉上更整洁有序

第六步：维持

是什么

此时妈妈和孩子们的整理收纳工作已经全部完成，从现在起，要做的便是好好保持整理成果。首先便是我们熟知的归位了，这里还要再一次强调，归位的前提是物品必须完成系统化地整理并且有固定的位置，这时的归位才是有效的。另外，维持也并不单纯指归位行为。

怎么做

物品的维持是考验家长和孩子收纳整理工作的成果，要真正做到有效地维持，需要注意以下几点：

① 归位

经常有人问我，整理师的家里是不是时刻保持着样板间般的整洁？答案是否定的。只要使用，必然会乱，但因为收纳体系的建立，我们知道散落的物品应该放在何处，所以只要花 10 分钟让物品各归各位，家里便可以焕然一新了。通过定位法，我们已经为每一件物品找到了准确的位置，那么在使用完毕后，我们需要引导孩子找到物品的相应位置，如果孩子年龄尚小，注意使用有趣的表达方式，比起无力的"收拾好"更有效果，让孩子做警察保护玩具回家，我想孩子更愿意配合吧。家长可以一起参与，用比赛等形式，鼓励孩子一起完成。

② 贴标签

利用标签管理法不失为一个省去脑力劳动的办法。不必看着每个柜子做着我猜我猜我猜猜猜的游戏，也不必记住每一个物品的摆放位置，当然归位也变得轻松。

标签的作用更是一个告知，即使妈妈不在家，孩子也能轻松找到需要的物品，无疑也是减轻了妈妈记忆库般的负荷。标签的设置要根据孩子年龄，针对幼龄段孩子可以使用图形标识或者直接打印照片的方式。如果孩子可以画画或者写字，让孩子自己动手制作标签，这种方式会让孩子更愿意参与。

③ 控制入口

整理工作全部完成，我相信你对于家中的物品已经有了全新的认识，自然也会发现以往消费行为的问题所在。对于年龄尚小的孩子来说，要让他学会满足延迟；而对于学龄段的孩子来说，要避免重复购买，分清需求及欲望。

④ 升级优化

整理结束后，在每天的使用中，我们或许会发现更加适合的收纳方式，这时可以进行调整，这就是优化。

另外，可以优化家中的收纳工具，增添带来幸福感的小物。比如统一衣架，将暂时用来收纳的纸盒换成统一的收纳盒。根据自己的经济能力及个人需求，或是替换掉一个不太好用的塑料架。整理应该是不断优化的过程。

⑤ 家庭公约

国有国法家有家规，但是在当代社会，家规的意识已经被弱化。适当地制定家规，有利于家庭的和谐发展，也可以培养孩子的规则意识，有所为而有所不为。比如在公共区域的私人物品，请及时带离；每周日下午定为家庭打扫日；自己的物品自己管理等。我想家人一同遵守公约的感觉一定特别棒吧。

既然是公约，还需注意所有家庭成员都要认同才可以。

手把手教你做整理

前面我们讲述了物品的整理流程，所有的物品都可以按照上述的通用流程去整理。当然，针对每一类物品还有个别需要注意的事项，下面我们挑选了孩子最常见的物品种类，来具体说明到底如何整理。

玩具有了窝，再也不用和玩具"躲猫猫"

玩具是孩子认识世界的工具，也是孩子成长中不可或缺的物品。家有幼龄段孩子的家庭最头疼的便是玩具整理。

这里总结几个玩具整理的现状：

● 玩具数量庞大，种类繁多，且源源不断地进入。

● 玩具自带包装或盒子，家中聚集了五颜六色、形状不一的玩具盒，堆积在一起十分杂乱。

● 为了方便而采用大的收纳箱集中收纳，多箱叠加。孩子要么永远不碰，要么就是为了找一件玩具而整箱倒出。

● 使用过的玩具散落家中四处，归位成难题。

根据以上存在的问题以及我们前面所说过的整理流程，我们具体看看玩具到底应该如何整理。

第一步：清空

玩具通常是分散在家中多处的，所以孩子可能并没有意识到自己的玩具有多少，一旦全部集中，才发现数量还是相当可观的。这一步可以让孩子一起动手。清空原则上是针对所有玩具，当然如果玩具数量特别庞大，可以分批进行。根据自己的时间、体能、孩子的配合程度等因素决定一次清出多少。不过建议整理工作还是一次性尽快完成比较好,时间拖得越久,精力的消耗也将越大。

4岁孩子一人的玩具

 第二步:选择

玩具的选择可能会是一个漫长的过程,一方面需要孩子一件一件确认,另一方面,他很可能在选择过程中分心。我们要把控好进度,以免最后因为时间来不及而匆忙结束。

针对不同年龄段,方法略有不同,家有0-3岁的孩子,妈妈可以根据自己的观察判断帮孩子做决定;3岁以上的则要同孩子商量,尤其是6岁以上的孩子,需要他自行决定去留。

丢弃还是留下，由孩子决定。对于玩具的选择，孩子最有发言权，这不仅因为他们与玩具的相处时间最长，更重要的是，通过决定玩具的去留，也更好地锻炼了孩子的选择和决定能力，这是成长中关键的一步。

家长万不可擅自做主丢弃，以免给孩子造成不可抹去的心理阴影。

在选择中，我们要尽量避免类似"你还要不要"这种问法，如此问，孩子的回答肯定都是要。我们可以给出明确且客观的引导，让孩子自行判断，比如"你看这个飞机的机翼断掉了。""这个汽车已经不能开动了。"比起简单粗暴的"要不要"，孩子可能更容易做出选择。当然决断力是一个不断提升的过程，孩子在起初做不出选择也很正常，家长不能就此放弃，如此的选择训练可以反复进行。你便会发现，孩子的世界其实很简单，没有太多的纠结和情感捆绑，反倒是家长因为舍不得或觉得可惜而造成了阻碍。

对于玩具的选择可以按照由易到难的阶段进行

第一阶段：筛选出已经破损或不适合年龄段的玩具

↓

第二阶段：筛选出品质低，不常玩的玩具

↓

第三阶段：筛选出不喜欢的玩具

做选择的时候我们可以借助几个不同的袋子以做区分

● 丢弃：破损，劣质，危险性。

● 转送：低于年龄段，孩子不常玩。

● 暂存：高于年龄段，同类别过多。

有些家长提出，孩子现在说不喜欢不要的，很可能过段时间又吵着要了。针对这种现象，一方面，我们要反思筛选时是孩子的主观意愿还是因为受到家长的干扰。另一方面，如果真的会有这个情况，可以给这些判断不准的玩具设立一个等待箱，放置在别处。一或两个月的时间之后，孩子都没有再提起，那便可以选择处理。

从左到右依次为喜爱、转送、丢弃

如没有明确的转送对象，将玩具打包好放置在楼下即可

第三步：分类

现在给留下的玩具进行分类。分类方式多种多样，如毛绒玩具、扮娃娃家类、益智类等，当然也可以按照玩具的材质分类：金属类、木质类、塑料类。具体的分类方式可以多听听孩子的理解。

在玩具的分类中要注意的是，

1. 如果孩子年龄还小，分类要避免太过细致。 过于细致不仅增添了不必要的整理负担，也增加了后续归位的难度。随着年龄增长，可以根据孩子能力及喜好进行细致分类。

2. 分类的程度可以根据玩具实际数量以及收纳体决定。 以交通类玩具为例，如果数量并不多，我们做到二级分类即可，如果数量多到一个收纳筐放不下，那我们可以再进行三级分类。

3. 分类方式依照个人理解。 比如拼搭类本身也是益智型玩具，没有绝对的对错。孩子的玩具千形百态，有一些我们可能根本不知道它们属于哪一类，针对这样的玩具，我们可以和孩子一起为它们设立一个分组并起一个名字。

为了辅助妈妈和孩子们更好地进行分类，以下是玩具分类建议，以供参考。

一级分类	二级分类		三级分类
玩具类	🧩	益智类	棋/拼图/魔方/迷宫…
	✂️	动手类	珠串/折纸/沙画/切切乐…
	🌳	工具类	沙滩道具/仿真工具…
	🏛️	拼搭类	积木/雪花片/磁力片…
	🛩️	交通类	汽车/飞机/工程车/火车…
	🐻	玩偶类	毛绒玩具/手办/机器人/仿真动物…
	🎭	角色扮演	面具/服饰/道具…
	🎨	装饰类	贴纸/摆件/道具…
	…		…

从左至右分别为：工具类、动手类、拼搭类

下排从左至右分别为：布艺玩偶、塑料玩偶（按材质细分法）

从左至右为：美术用品、塑料制品（集合）、轨道

某类玩具数量并不多时，与相似类别集中收纳即可

63

 第四步：定位

根据孩子的日常活动空间，决定将玩具放置在哪一个固定区域，是客厅还是儿童房，要根据实际条件，周边是否有足够且安全的空间供孩子玩耍。我经常遇到这样的案例，玩具放置在儿童房，但因为房间活动空间比较狭窄，加上家长希望孩子可以在视线范围内，最后孩子还是要搬到客厅玩。一来造成玩具的分散，不利于管理，另一方面，增加了孩子在使用玩具以后的归位成本。这种情况，我们还是直接将玩具设定在客厅更佳。

决定了整体摆放区域后，可以根据实际收纳体的款式、数量、大小来规划具体如何将玩具按照类别放好，心中先有一个大概的规划。

 第五步：收纳

玩具的收纳方式有很多种，可以根据孩子年龄的变化而进行调整。

● 6 岁以下的孩子，尽量选择展示型收纳，利用无盖的筐、篮等分类摆放，拿取和摆放一个动作完成为最佳，且每个筐内不要存放过多的玩具，保证孩子可以整筐移动。

●6岁以上的孩子，其玩具成递减状态，且行为能力更强，改为隐藏收纳也没有问题。并且这个阶段的孩子重心渐渐由玩具转至学习，隐藏收纳能更好地避免注意力分散。

不管哪个年龄段，都要避免箱子叠放的收纳方式，孩子没有办法自行拿取，归位也困难。如果想利用垂直空间，则建议使用收纳抽屉、置物架等进行分层收纳。

我们还可以根据玩具的大小、材质、形状选择合适的收纳体。大型的玩具可以采用独立摆放式收纳，或者选择大型的收纳筐、篮等集中收纳即可；而零散的玩具如乐高则放入小盒子更方便拿取。

孩子最爱的小车系列使用展示收纳法

同一系列的玩具，独立集中收纳

玩具可以作为展示进行收纳，空间更整洁有序

有的家长说进行到这一步家里依然看起来很乱，问题可能出在了原配的包装盒上。因其大小形状不一、色彩杂乱，即使摆放整齐，依旧看起来很凌乱。本身玩具色彩感强烈，收纳工具没必要再乱上加乱。前面我们说过建议使用色彩感较低的统一容器。另外，中国家庭的收纳神器塑料袋也是玩具收纳中常见的工具，因其色彩多、软不成形，且摆放玩具后多会将口扎起，孩子无法独立拿取等原因，建议不要使用。

第六步：维持

至此，玩具的整理已经全部结束，对于自己的劳动成果，孩子会更愿意维持。

维持方法：

1. 为了帮助孩子在使用玩具后能够更顺利地归位，我们需要在收纳工具上贴上标签。下图中使用了照片标识法，更加一目了然。如果嫌此办法麻烦，可以帮助孩子一起动手制作标签哦。

在收纳盒上贴上相应的照片，进行识别

2. 规矩也是需要立好的，比如，孩子难免会忘记或者偷懒，如果妈妈提醒后还是不收好，便没收或减少游戏时间以示惩罚。如果孩子能够做到及时归位，也不要吝惜我们的赞扬哦。

3. 在玩具收纳的维持中，**控制玩具的入口尤其重要。**家长苦恼于玩具多，却从来没有想过都是自己不加控制买入的结果。购买行为背后，其实有着密不可分的心理原因。现代人因为工作的繁忙，对于孩子的陪伴或多或少有些缺失，只有通过满足其欲望的形式去弥补，购买行为实质是补偿。所以，我们不如减少玩具的进入，多陪伴孩子。带着孩子去大自然探索，也是不错的选择。毕竟让孩子感兴趣的，不仅是玩具。

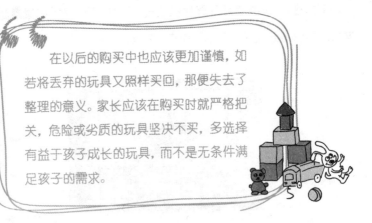

在以后的购买中也应该更加谨慎，如若将丢弃的玩具又照样买回，那便失去了整理的意义。家长应该在购买时就严格把关，危险或劣质的玩具坚决不买，多选择有益于孩子成长的玩具，而不是无条件满足孩子的需求。

危险玩具	尖角、缝隙、长线、可吞咽、噪音、强光……
劣质玩具	毛边、掉色、异味、掉毛……

书籍也有分班制，阅读可以很 nice

随着孩子的成长，书籍类成递增状态。从幼时的绘本到学龄段的教科书、课外读物等。

总结中国家庭书籍的整理现状有以下几点：

● 书籍不做更新，不适龄的仍多保留，数量超出收纳体存储能力。

● 书籍不做分类，多种用途的混杂在一起。

● 书籍的收纳无规划，且摆放拥挤，不方便拿取及归位。

书籍放置过满，孩子拿取十分困难，且不方便孩子归位

69

针对书籍的现状，在整理上，我们也可以采用分班制。班级不分大小，成员基本不定数，按照孩子年龄段、书籍喜好程度、书籍分类等分好班，孩子也会爱上阅读哦。当然，这可以交由孩子自己做主。接下来，我们来看看具体如何操作吧！

第一步：清空

我曾经指导过一个三年级孩子进行书籍整理。她的书籍分别放置在客厅两组主柜、书房整面墙书柜以及儿童房2米长的矮柜里，数量多达上千本。当然这是特殊案例。针对书籍特别多的情况，全部清空无疑是不可能的。这里需要先在头脑里对书籍进行分类，比如已阅读、未阅读；适龄、不适龄，然后按区域分批次清空。

如果数量在能力范围内，同样也是建议一次性整理完毕为最好。

第二步：选择

● 6 岁以下的孩子，一般对绘本类都比较有兴趣，并且我发现孩子会有反复翻阅的喜好，且这一阶段多由父母读给孩子听，所以并不是一定要孩子做筛选，除非数量确实较多，超出家中收纳条件。所以这一阶段主要还是控制好总数量，选择的问题可以弱化。家长多观察孩子的兴趣方向，在后续的购买中注意即可。

● 对 6 岁以上学龄段孩子来说，书籍并不全是依据自己喜好能够做选择的，再不爱读的作文书恐怕还是要保留为妙。那么书籍的选择重点便是有无破损及适不适应年龄段。

对于选择出来准备处理的书，可以采取捐赠、卖二手、交换等形式解决，直接丢弃目前对于大部分人还是做不到的。

按照喜爱程度及阶段需求选择书籍

第三步：分类

我们知道分类是为了能够更系统化地管理物品，对于书籍我们可以从不同角度进行分类。每个人对此有自己的理解和喜好，比如有人按照书脊颜色分类，有人按照书名首字母排序等。

以下介绍目前比较主流的分类方式以供参考：

幼龄段孩子的书籍，可以分为：（绘本类）/ （手工类）/ （早教类）……

如果数量并不是太多则不一定要特别去做分类，如果家长希望更加细致或者本身书籍数量较多，为了更好地管理，可以参考以上分类方式。

学龄段孩子的书籍，首先要按照校内及校外书籍作区分。校内书籍如教科书、教辅书等分成一类，校外书籍我们可以按照其性质再分为：

哲学 / 文学 / 科学 / 军事 / 语言 / 历史 / 地理 / 工具……

在此基础上还可以将书籍按照已阅读、未阅读，有兴趣、无兴趣，适龄、不适龄这样的分类标准进行再分类。

第四步：定位

依据使用地点，选择就近收纳。

校内的书籍因每天使用，放置在书桌上即可，如果数量多，可单独使用一层或一格分开收纳。低年级书籍一般不能丢弃还要做保留，但因为不太会翻阅，所以在书柜空间有限的情况下，可以找其他区域收纳。

如果孩子书籍的收纳空间只有一个书柜，那建议顶部或底部可以摆放高于现阶段的或已经阅读过但还有可能翻阅的书籍，最方便拿取的区域放置最感兴趣的或者使用频率较高的书籍。如果书籍数量较多且家中有多处收纳，则可在最常阅读的区域放置现阶段待读书籍，如儿童房；已阅读过的或高阶段的则可以放置在书房、储物间等区域。

经常翻阅的书籍放在明显的位置，方便拿取阅读

第五步：收纳

在上门指导中发现，家有幼龄段孩子的家庭很少为孩子设置独立的书架及明确的阅读区域，一般书籍散落在各处，或者成箱收纳，再不然就是放置在家长的书柜中。孩子并不能主动拿取，处于被动阅读的状态。

培养孩子阅读的好习惯，需要从创造一个适宜的阅读环境开始：

1. 考虑到这一时期孩子的行为能力较弱，书籍摆放切忌太多，一定要可以轻松获取。

2. 可以给予孩子视觉刺激，诱使他主动拿取。

所以，针对幼龄段孩子，我们可以选择购入开放式书架，一方面控制书籍数量，另一方面封面朝外，吸引孩子阅读，放置在随手可得的位置，从而培养孩子的阅读习惯。

对于学龄段的孩子，最常见的书籍收纳方式就是书柜，一方面这个阶段的孩子书籍数量多，书柜较大的空间方便放置，另一方面孩子已能够自行拿取想阅读的书，不必家长费心。

不过，此时的书籍收纳更要讲究方法：

1. 随着书籍增多，要及时添加书柜，这时的摆放要注意我们的二八原则，只放到八成满。当有新的书籍进入时可以轻松收纳，阅读完以后孩子也可以轻松地放回来。

2. 如果书柜进深较长，书籍应尽量靠外口摆放，但很多人习惯推至最里，并随手就会把一个杯子，一瓶墨水，或是一个不知道该摆放何处的物件堆放上去。

第六步：维持

书籍的维持中，一方面是我们说的归位问题。给书柜贴上标签、区分好类别、摆放八分满、书籍靠前，这些都为我们的归位降低了成本，提供了方便。

另一方面便是避免大批量购买。书籍方面最大的问题在于购买。很多家庭的购买频率已经超出了孩子的阅读能力。以学龄段孩子来说，每天能够坚持读课外书一小时已是很好的习惯了，以此计算阅读量最快一周一本，一个月四到五本。而家长的购买都是成批的，套系的书现在又比较多，一套书下来十几本的很是常见。过多的书籍反而会降低孩子的阅读兴趣，给孩子造成心理负担。

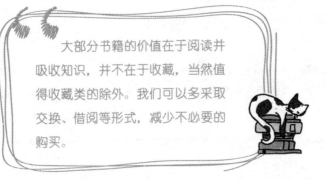

大部分书籍的价值在于阅读并吸收知识，并不在于收藏，当然值得收藏类的除外。我们可以多采取交换、借阅等形式，减少不必要的购买。

文具不调皮，想用就能找得到

此类别因物品种类繁多，物品体积小，最为零碎，整理稍复杂。

总结中国家庭文具类物品的整理现状有如下几点：

文具数量庞大，无从下手

没有统一、集中收纳

不做分类，混杂在一起

第一步：清空

因其体积小、品类多，很有可能在带入家中后便四处摆放，所以文具类在所有类别当中最为分散，我们可能随处都能见到它们的身影，所以清空的工作需要细致。

第二步：选择

文具因其体积小、种类多、单价低等原因，家长会无意识地过量购买，再加上免费赠品，数量十分庞大。我们曾经做过一个文具整理的案例，刚刚初中毕业的孩子光所有笔类放在一起竟有数百支。

孩子一人的文具

图中的这个指导案例，孩子光钢笔一个种类就有二三十支。询问原因后得知，因为孩子老是弄坏。我想你和孩子可能也有这样的烦恼吧。

我让妈妈大胆地设想两个场景：

第一，告诉孩子你尽管用，没有了妈妈就给你买，孩子会怎样？

第二，告诉孩子如果损坏，自己需要付出一些代价才可以购买新的，孩子又会怎样？

其中的道理，我想大家都懂。正是因为获取容易，所以不知道要珍惜，这一点适用在所有物品上。并不是我们要在物质上苛待孩子，而是通过这样的手段让孩子爱物惜物，毕竟，不是所有事物都能够通过购买来解决。另外，过多的文具容易造成孩子精力分散，不利于注意力的集中，有部分小学要求文具盒款式要简单便是这个道理。

文具的筛选主要是针对已经破损的物品，即使数量再多，让家长们把完好的文具丢弃，也确实于心不忍，更违背了惜物的道理。而不适龄的文具可以选择及时赠送，这样孩子们才能更高效地学习。

第三步：分类

走进一家文具店，如果所有物品混杂在一起，我们想要迅速地找到需要的文具恐怕不是易事；只有有序地分类陈列，我们才能精准地找到。对待自己的物品也是如此。如果分类上有困难，可以带孩子去文具店时多留心观察。以下是我们给出的分类参考：

一级分类	二级分类	三级分类
文具类	书写用品	铅笔/钢笔/圆珠笔/中性笔/白板笔/粉笔/荧光笔/毛笔…
	绘画工具	水彩/蜡笔/颜料/颜料盒/调色板/画板/毛笔…
	辅助用品	尺/橡皮/图钉/剪刀/胶水/订书机/别针/夹子/书签…
	本册类	作业本/笔记本/画画本/便签本/黑板…
	纸类	A4纸/练字纸/卡纸/绘画纸/字帖…
	文件处理用品	文件夹/袋/盒…
	配套用品	笔盒/笔袋/笔筒/电书皮…
	电子产品	磁带/CD(机)/收音机…
	…	…

第四步：定位

文具的定位我们要考虑孩子的使用情况及具体空间情况。如果书桌附近有足够的空间，可以将文具集中收纳在此处。如果书桌附近空间有限，我们可以将备用文具单独找地方收纳。书桌附近只摆放一套正在使用的文具即可。

按照我们的二八原则，书桌等展示型收纳体上只放置每天都需要使用的文具，其余隐藏收纳。我们可以使用多个收纳筐将文具分类摆放，或者使用抽屉柜分层摆放。备用文具因使用频率低，没有必要全部展露，隐藏起来视觉上更整洁。

另外可以根据收纳体的数量及具体文具数量决定收纳方式。例如，我们有八个收纳筐，那就可以按照分类参考表里面的二级分类去摆放。如果只有四个，那就必须将分类进行合并。反而言之，想要分类更细致，则可以多添置几个收纳工具进行区分。

第六步：维持

物品多是维持的一大天敌，试想所有文具只有在使用的量，还需要维持吗？维持工作更多是针对备用文具而做的。所以除了给文具定好位之外，

控制数量便是最简单的维持方法。

文具的整理过程，虽不要求强制筛选，但是控制后续买入十分重要。我们知道，文具的购买通常有几个原因——孩子喜欢、使用时找不到、打折促销、拼单购买等。经过彻底地整理，通常我们能够客观地看到所拥有的文具总量，找不到的情况基本不会发生。其次，给现有文具的使用

周期做预估，在此期间尽量不要购买。

如果孩子有确实特别喜欢的怎么办？那就买回来，我们并非要压制喜好，但是既然买了自己喜欢的，那就和孩子达成共识，将现有的再精简一部分。物品的购买十分便利，只要孩子需要，放学路上便能立马买到，我们实在没有必要把家中当成仓库。

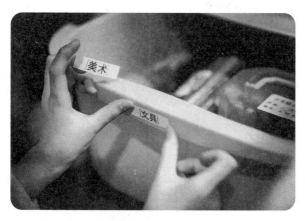

文具的分类较多，别忘了在收纳盒上贴上标签

衣橱满当当，想穿的衣服也会自己"跳"出来

在中国家庭，一般孩子买什么衣服穿什么衣服都由家长代为决定。孩子不太有自己的意见和想法，可以理解为孩子与衣服的密切度最低，所以将此类物品整理放后。

但是衣物的整理不仅解决客观的物品问题，还可以培养孩子的审美能力，不容忽视。衣物是习惯性按照色系排列，还是随手丢进去就好，这些细节足以体现一个人的审美。

中国家庭衣橱整理有以下几个常见问题：

衣服多，衣橱永远不够用

衣橱格局不合理，不知如何利用

衣物不分类别、杂乱无序

整理效果不能维持

第一步：清空

按照整理流程，我们要将所有衣物清出来并集中在一起。在上门指导中，妈妈们总能从家中各处搜集出数包没有放在一起的衣物。只有全部集中在一起，我们才能全面地看到具体的数量和种类。

衣物整理同玩具整理一样，有些家庭数量十分庞大，如果妈妈和孩子没有足够的勇气，可以选择分区清空。否则，全部清出来，收不回去就麻烦了。但是分区清空势必带来反复整理，这次清出的衣物哪怕已经放好，最后还是需要全部调整，更加耗费精力。所以，为了避免整理的反复性，尽量能够抽出时间一次性完成为好。

第二步：选择

孩子衣物的取舍相对较容易。因为尺寸的原因，没有办法将就。孩子的成长相当快，衣物的淘汰基本上以一年为周期。那么孩子的衣服自然不需要太多。恐怕衣服已经显小，吊牌都还没取下的情景在很多家庭都出现过吧。

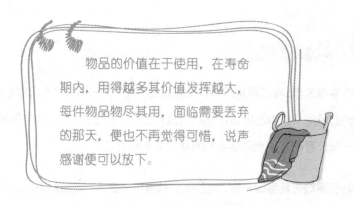

物品的价值在于使用，在寿命期内，用得越多其价值发挥越大，每件物品物尽其用，面临需要丢弃的那天，便也不再觉得可惜，说声感谢便可以放下。

衣物的选择，即使孩子小没有想法，也可以试着询问，这更是与孩子很好的沟通机会，在这个过程中可以了解孩子的穿衣喜好，知道孩子是否穿着舒适。

内衣类属于消耗品，建议以固定时间为周期成批替换。

筛选出来的衣物根据时间精力决定如何处理。如果想要送人，要明确对方是否需要，切不可自己一方意愿，己所不欲，勿施于人。直接放在楼下也是不错的选择，但要注意每件衣服需要清洗干净，**叠放整齐**。需要的人自会拿走，物品再次被使用，发挥价值。而内衣类，或是有破损的衣物还是直接丢弃比较好。

清空后，将衣服先放在一起进行筛选

待处理衣服

保留的衣服

选择衣物的去留，形成保留及待处理两类

对保留的衣物进行分类。衣物的分类较容易，除了以下按照种类分类的方法外，一般还会先按照季节性进行分类。

一级分类	二级分类	三级分类
衣物类	外套	棉服/羽绒服/皮草/针织衫/大衣/西装/运动服/坎肩/风衣
	上装	衬衫/针织衫/毛衣/T恤/雪纺上衣/卫衣
	下装	休闲裤/西裤/运动裤/牛仔裤/半身裙
	连体	套装/连衣裙/连体裤/背带裤
	内衣	吊带/内裤/袜子/棉毛衫裤/背心/家居服
	特殊	泳衣/泳帽/防晒服/舞蹈服/礼服/演出服/练功服/旗袍/红领巾
	...	...

对于常见的衣物基本固定在衣橱内的情况。在收纳之前我们需要考虑的是衣橱到底该如何使用。

以下是衣橱的分区情况：

黄金区	当季，使用频率高
白银区	当季，偶尔使用
青铜区	非当季，使用频率低

我们看到图中有黄金区、白银区和青铜区，自然站立，手臂上举，指尖触碰的位置到手臂自然下垂指尖触碰的位置，这样一个范围我们叫黄金区；衣橱底部为白银区，蹲下即可拿到物品；顶部青铜区过高很难拿取。

衣橱分区是根据使用者身高来划分的，所以在亲子整理中，我们要注意降低收纳高度，才能方便孩子拿取摆放。

第五步：收纳

对于 0-3 岁阶段的孩子，不必要求一定做到自行收纳，加之这一阶段多
与父母同用衣橱或者用收纳柜收纳，且衣物较小，采用折叠法收纳最节
省空间。而随着孩子长大，衣物增多，拥有独立衣橱，且为了培养其自
行收纳的习惯，我们要充分使用悬挂空间，从而降低孩子的收纳难度，
可以做到自己将干净的衣物归位。很多家长不愿意悬挂，担心收纳空间
不足，这就需要根据衣物数量选择合适的收纳方式。如果实在迫于现实
情况，则区别对待。

	优先悬挂	外套类/连衣裙/衬衫/雪纺类/丝质类
	叠挂皆可	卫衣/T恤/裤子/毛衣/半身裙/家居服
	折叠	内衣/袜子/秋衣秋裤/其他

优先使用悬挂区；如悬挂区有限，则按上表的优先顺序，剩余的进行折叠。
我们传统采用摞叠的方式摆放，拿取下面的衣物，上面容易翻乱，是我
们在衣橱整理中容易复乱的重要因素。在衣橱不能改造的情况下，采用
立式折叠法，能够很好地避免杂乱的发生。

立式折叠的衣服

第六步：维持

按照上述方法完成整理后，维持工作变得轻松简单。学龄段的孩子可以独立完成，只需要按照现有的状态归位即可。因为大量衣物采用悬挂收纳的方式，孩子将干净衣物收入十分方便。

衣架作为一个小细节通常被家长忽略。同一个衣橱内，经常遇到混杂了几种衣架的情况。统一的衣架一方面可以使整理效果更明显；另一方面，细节决定品质，小小的改变可是为生活品质加分不少呢。

采用统一的衣架，
衣服整齐有序

衣物的折叠要讲究方法，才能更好地维持。立式折叠不仅能节省空间，还便于拿取，是衣物整理收纳必备的技巧。

以下图中示范衣物折叠的步骤，尺寸为110，130以内尺寸的衣物均可按此法折叠，130以上衣物较大，可增加折叠次数。具体折叠大小还要结合收纳体的尺寸。

上衣折叠

横向平铺

对折

袖子折叠好

领口朝衣摆对折

同方向再一次对折

立起来

上衣的折叠均可参考上图，如背心，短袖T恤，毛衣等。先折成规则的长条形，再根据实际衣长进行折叠，最后形成长方形。

短裤折叠

短裤横向平铺

对折重合

横向对折

立起来

93

长裤折叠

长裤横向平铺

对折重合

横向对折

再对折

立起来

内裤折叠

内裤平铺

三分之一处折叠

另一边覆盖

腰部向内折三分之一

裆部向内折三分之一并
塞入腰部

立起来

袜子折叠

同方向摆齐

两只重叠，袜跟一上一下

袜子平铺

袜口向内折三分之一

脚尖向内折三分之一并塞入袜口

立起来

小贴士

根据袜筒长短决定折叠次数。船袜对折一次即可，高筒袜可对折两次，长筒袜可多次对折。

套装折叠

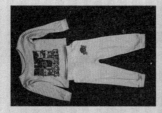

上衣横向平铺

裤子对折后平铺在上衣一半位置

按上衣折叠法将上衣对折

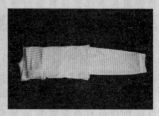

按上衣折叠法将袖子折叠好

裤腿收到与上衣齐平

按上衣折叠法由领口向内折三分之一

按照上一步方向再折叠

立起来

亲子整理，教会我们的那些事儿

通过亲子整理，家长和孩子齐动手。孩子获得了更多的独立空间及有序整洁的环境；物品变得清晰有序，用时随手可得，利于培养孩子良好的生活习惯。

除了给孩子营造一个最佳的成长环境，整理更培养了孩子在成长中所需的诸多能力和品质。

物品的选择，锻炼了孩子的决断力。

人的一生中会面临很多选择，小到一件物品，大到未来的职业，都需要自己做抉择。通过对物品的选择练习，让孩子更加了解自己，学会思考，处理事物更加果断。

物品的分类，锻炼了孩子的逻辑能力。

让孩子学会细致地观察，能够迅速在诸多事物中找到内在关联及规律，帮助孩子理解和掌握新的知识，处理问题更具条理性。

物品的定位，让孩子学会统筹规划。

何物放置于何处，需要有严密的思维和整体观念。能够分清事物的轻重缓急，这也是管理者的必备能力之一。

物品的收纳，让孩子增强责任感。

如何管理自己的物品，决定了自己将在怎样的环境中生活，是对自己负责；物品的摆放不给他人带来负担，是对他人负责。

一个能够管理好自己物品的孩子，背后是秩序感和掌控力的体现，而这些能力将帮助他管理好自己的时间，遇事积极主动不拖延。我们在实际指导中发现，孩子书桌是否整洁与其学习成绩的好坏有着密不可分的关联。

更为重要的是，我们在整理有形的物品中，也在整理着无形的事物。常说"一屋不扫何以扫天下"，整理物品更是孩子管理好自己人生的开始。

而对家长来说，整理好孩子的物品，可以避免因找不到而造成的重复购买；掌握亲子整理术，大大减少时间的花费和精力的付出。从负能量中解脱出来，心情愉悦，家庭关系也将更为和谐。

亲子整理更是一种高质量的陪伴方式。在整理过程中，我们可以真正了解孩子的喜好，学会尊重孩子的想法，用爱填满孩子的内心。亲子关系更加密切，让孩子成为内心富足、充满幸福感的人。

好的整理习惯，更是一种家风。它背后体现了一个家庭的素养和精神力量，我们应该从自身做起，给孩子树立榜样，并且将这种家风一代代传承下去。

第三章

案例篇

告别整理烦恼，
打造轻松自在的亲子空间

我想，不真正走进中国家庭，任何规划整理都是脱离实际的纸上谈兵。
空洞的方法论不如真实的案例，本书就是要告别样板间式的整理指南，
探索适合中国人自己的整理术。

作为一名整理师，我知道案例中空间规划上的不合理，知道收纳体格局
存在的一些问题，但在大部分情况下也只能借助现有工具，有限地进行
调整。当然，正因为这种不完美，才让大家更有操作性，更有兴趣投身
整理中。毕竟，现实生活中我们总有诸多无奈。

一万间房子有一万种样子，
一万个家庭有一万种生活
方式。在这些真实案例中
挖掘共同的问题，然后举
一反三，寻求最适合自己
的方法，这才是亲子整理
术学习的聪明之道。

主动沟通，让孩子自己做主

儿童房平面图

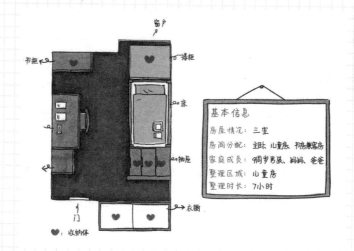

基本信息

房屋情况：三室

房间分配：主卧、儿童房、书房兼客房

家庭成员：9周岁男孩、妈妈、爸爸

整理区域：儿童房

整理时长：7小时

案例背景

空间

儿童房主要为学习和娱乐使用，孩子与父母在主卧同睡。家中另一室为客房，房内摆放了两组书柜，兼具书籍收纳的作用。

物品

物品数量适中，其中书籍占比最大，分布在儿童房书柜和客房书柜两处。学习用品等杂物类最乱。衣物在儿童房衣橱和主卧衣帽间两处。

人

妈妈讲述，孩子对整理并没有意识，基本由妈妈代劳了，小到书包也由妈妈整理。但因为工作繁忙，精力实在有限，希望孩子能够养成自己整理的好习惯。与孩子的沟通中也了解到，孩子对于环境并没有太关注也无所谓，认为都由妈妈打理，自己不需要管。

整理 ing

（1）书籍区

书籍分布在儿童房书柜及客房两处。

书柜分为上下两部分，上部为玻璃门的展示性空间，下部为带柜门的隐藏性空间。书柜顶部放置了一箱妈妈已经遗忘的物品。

书籍的前部空间及书籍上部堆放了各类杂物，不仅视觉上凌乱，且影响书籍的拿取。

下部因为是隐藏性空间，更
加杂乱，物品随意堆放。

整理方案

经整理，移除了一部分低于阅读
年龄段的书籍。儿童房主要用于
收纳现阶段正在阅读及新购入的
书籍。已阅读过或暂高于阅读年
龄段的书籍收纳于书房。

书籍放置 8 分满，更方便孩子拿
取，也为后续进来的书籍留白。
每一层按照类别摆放。具体如何
分类，家长可以和孩子一同讨论。
各自说出想法，无疑是很好的交
流机会。

书籍摆放时注意尽量靠书柜外口，因为书柜的进深远大于书籍的长度，推至最里，前面一旦有空间，就会无意识地随手摆放物品上去。

从书柜里面清理出的待丢弃物品

（2）小物品区

书桌是小物品最容易堆积的区域。因为在整理前，物品没有做好定位，无处安放，只能堆放在书桌上。

书桌的玻璃垫下铺满了色彩强烈的纸片，即使桌面无物，看起来也依旧凌乱，且会分散孩子注意力。

组合型储物架，收纳能力不强还占空间，同时还会造成物品的堆叠。

整理方案

桌面只留下每天最常用的物品，并保持整洁。

优化：书桌前照片摆放稍多，易分散孩子注意力，故建议移除，或放置在书桌对面床边的墙面。

书桌可以按照孩子喜欢的样子布置，保证桌面干净整洁为基本原则。与孩子沟通后暂时不用的小物品，统一收纳在适合孩子拿取的位置。

根据空间情况规划，剩余小物品类统一收纳在书柜下层的隐蔽性空间内。

下层左边摆放照片，右侧为低年级书本，随着孩子年龄增长，书本增多，可以统一移至床边的矮柜里。

筛选不需要的物品后，余下的利用统一颜色、统一规格的收纳筐，分类收纳，方便拿取，并且利用标签管理法，方便物品归位。如果家中没有收纳筐，可以使用方形的纸盒替代。

文件类利用收纳袋进行分类并贴标签，以便查找。此案例中按照妈妈及孩子的理解设置为纪念品及获奖证书类。随着文件及类目的增多，可增加文件袋。

（3）其他区域

孩子喜爱阅读，但因为书籍的分散摆放，并无固定阅读地点。故将窗前矮柜设置为阅读区，仅摆放数本近期在读书籍。

（4）衣物类整理

衣橱顶部空间没有使用，随意堆放了多个空盒子，且经询问为无用之物。

衣橱底部空间也并没有明确的功能划分，处于随意摆放的状态。放置了书包、演出服、购物袋，还有非孩子物品。

很多家庭装修时都会在儿童房做整面墙固定衣橱。

父母代为整理，并没有很好地使用，衣物处于满溢的状态。

此次整理，我们将主卧中孩子的衣物，移至儿童房衣橱集中收纳。

妈妈利用分隔板，将悬挂区改为三层，认为悬挂没有叠放装的多。这也是绝大部分人的观念。但可以看到实际状况非常凌乱，且不便于拿取。花费时间折叠整齐，保持时间短，最后变为直接塞进去。每天由父母代为孩子拿取衣物，父母也因为复乱问题，非常困扰。

利用悬挂式的分层板分隔空间，可以看到每层空间只能放置一两件物品，空间利用率非常低。

悬挂区下方堆放了纸盒、用塑料袋打包的衣物，还有空的收纳盒。

左下角收纳抽屉因尺寸不合只能侧放，拿取衣物十分不便，且内部物品放置杂乱。

整理方案

依照我们的方法论，清除所有物品，还原衣橱内部格局。

① 顶部由于高度问题，使用率最低，优先选择存放非当季物品，我们收纳了棉服、毛衣、棉裤。利用统一规格颜色的百纳箱存储物品，既能防尘，视觉上也更整洁。

② 移除原先妈妈增加的隔板和悬挂式分层板，最大化利用三块悬挂区，降低孩子整理的难度。目前分为棉服区（右上），春秋外套区（右下），春秋上衣（左上）。因整理时正值春季，气候多变，保留了少许棉衣在外。

③ 左侧悬挂区尺寸较长，利用原有分隔板，增加一层收纳空间。如果不使用分隔板也可以在左侧层板上放置尺寸合适的收纳抽屉，充分利用垂直空间，如图可以放置 4 〜 6 个收纳抽屉。

入夏后即可将棉衣收入百纳箱，改为悬挂夏季衣物。到秋冬季节时只需将百纳箱内的衣物取出悬挂，较薄的衣物收入即完成衣橱的换季整理。

百纳箱的使用

上门指导中发现，大部分客户并不知道如何合理地使用百纳箱。存放衣物时多采用折叠、摞叠的方式，甚至是随便塞进去。经过一段时间，再将衣物拿出来会非常皱。再者，这样的收纳方式使空间并不能被完全利用。我们建议采取平铺的方式，更好地保护衣物，同时使储物能力达到最大化。

叠放区摒弃传统的摞叠方式，采用立式折叠法，利用收纳筐等合适的收纳工具摆放。选择无盖的筐，减少孩子拿取的步骤，且因收纳物为常用物品，无须考虑灰尘问题。图中为客户自行准备的同款同色收纳筐，如果家中没有，可以使用纸盒等替代。

其收纳物分别为：第一层：内裤、袜子、当季帽子。第二层：棉毛衫、长裤。第三层：夏季短裤。入夏后可以将棉毛衫收入顶部百纳箱，空出空间给当季物品。底部小收纳框内为使用频率较低的季节性小物件，有冬季帽子、围巾、手套、防晒服、泳衣等，因数量不多，可选择集中收纳。

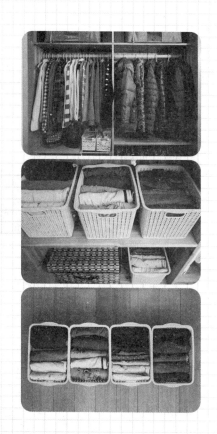

整理完成后

床梯的三个抽屉，目前为空。因其在书桌后方，规划可用于放置孩子的校内用品，如书籍、试卷、美术材料等。随着孩子的长大，床下空间已显小，且其重心由玩具转移至阅读，所以这一块空间基本无用。

在家长暂不考虑换床，孩子也不排斥的情况下，随着孩子物品增多，可以在床下靠外延放置高度相当的收纳柜等用于摆放常用物品，或者用布料等遮挡，形成一块隐藏式收纳空间。整理中，我们引导孩子试着表达自己的需求，孩子说希望换一盏更亮的灯。

认清现状，
营造良好学习环境

儿童房平面图

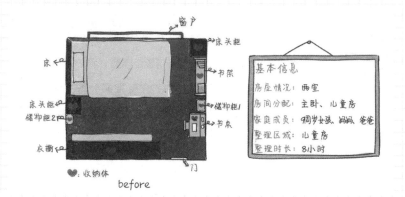

基本信息

房屋情况：两室
房间分配：主卧、儿童房
家庭成员：9岁女孩、妈妈、爸爸
整理区域：儿童房
整理时长：8小时

♥：收纳体

before

案例背景

空间

女孩已经完成分房，独立成长。此时儿童房需要满足孩子成长中的所有需求。但空间布局不合理，尤其是床尾的区域十分拥挤。

物品

物品已超出收纳体的存储量，很多书籍因无法摆放而散落在地上。尤其以小物品类最多，没有固定地点收纳，分散四处，整体可见非常混乱的状态。整理时妈妈从主卧里清出好几包孩子的衣物。

人

家长因为混乱的儿童房环境而感到焦虑，却找不到问题所在，也无从下手。因毫无头绪，整理多为半途而废。此次指导诉求是希望掌握整理方法，给孩子创造一个良好的学习环境。

整理 ing

（1）书籍区

床尾与书桌之间拥挤，想要到达书架十分不便。且家长反映因书桌靠着房门，走动时孩子经常受到干扰。

书架与书桌中间临时添加的储物柜功能并不明确，并且由于材质问题，承重力不佳。如此放置既不美观也不实用。

书架最上层已成为杂物堆放区，且下部书籍夹杂着文件等随意放置，多数因无法归位而直接放置在地上。

整理方案

两个床头柜集中放置在床尾墙角处，相同靠近原则，形成一个收纳区。四个抽屉可以分类摆放照片、资料等物品，台面则可放置孩子的头饰、装饰品等。

明确书架的用途，仅摆放书籍。根据孩子的需求，给每层做了分类，如课外读物区、学习区、书法区等。

书架夹在床尾，空间已不能满足实际需求。可以将书架稍向外移动，既不影响走动，且给孩子营造更开阔的阅读空间。

(2) 小物品类整理

长期处于物品只进不出的状态，只知道房间杂乱无从下手，却没有意识去面对。

所有笔集中到一起才知道原来积攒了这么多，而多数购买都是因为需要用时找不到。

整理中我们从各处找到的笔袋、笔盒，多达 20 个。而孩子真正在用的只有一个，算上备用的也不过 3 个。

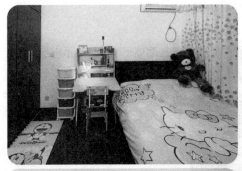

根据实际需求及现状，书桌移至床边，空间更为开阔且孩子学习不易受打扰。

书桌上仅摆放每天使用的物品，文具等只保留一份的量，其余统一收纳在别处。

将原先放置衣物的抽屉柜清空，用于集中收纳小物品，且因有多层正好用于分类。放置在书桌边，满足了使用需求及动线的合理。

(3) 衣物类整理

考虑空间收纳能力而做的整面墙
衣橱，妈妈不知道该如何使用。
除了悬挂区以外，其他衣物只能
堆叠，袜子内裤等小件物品根本
无处收纳。

堆叠，带来的就是拿取不便，妈妈为此在
床头处添置了收纳抽屉摆放常用衣物。但
我们看到现实情况也十分凌乱。

收纳体本身不实用或者不会用，再额外添
加收纳体的情况十分常见。

衣橱顶部因高度问题，衣物只能随手塞进去。

悬挂区下方没有做隔板抽屉等，很大的空间妈妈却不知道如何利用，除了堆叠没有其他办法。这也是大多数家庭中常见的情况。

整理方案

对衣橱重新进行规划。因整理时正值春夏，故决定靠里面的区域收纳秋冬物品，左边区域收纳春夏物品。非当季衣物按类别利用百纳箱集中收纳。

最大化使用悬挂区后，利用收纳抽屉进行空间的分隔。如果孩子衣物特别多，右边区域的下方也可以增加同样的收纳抽屉。

因孩子身高问题，故将书包放置于右下区域，方便其自行拿取。

此案例中百纳箱较小，我们正好可以进行种类的细分，如果只有两个比较大的百纳箱时，分类则可以稍粗略。

衣架款式多样，五颜六色，建议更换成统一的样式，增加整洁度。

袜子内裤，如果介意则可以分开摆放

短袖T恤

长裤

短裤

校服

家居服，短裙

整理后的百纳箱中衣服分类清晰，便于拿取

整理完成后

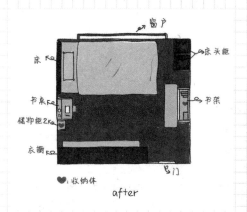

此案例中尚有两点可以优化：① 保留的文具类物品有待进一步选择。

② 抽屉柜色彩感强，如换成白色、透明、木色或色彩饱和度较低的颜色视觉效果会更整洁。

把握方法，
培养整理好习惯

儿童房平面图

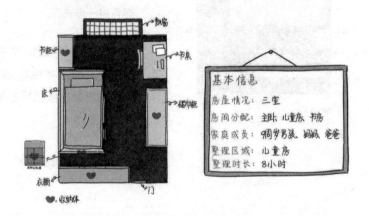

基本信息

房屋情况：三室
房间分配：主卧 儿童房 书房
家庭成员：9周岁男孩、妈妈、爸爸
整理区域：儿童房
整理时长：8小时

案例背景

空间

孩子暂与父母同睡，此时儿童房的收纳体已经基本配备完成。家中书房为家长使用，不放置孩子物品，故此房间要完成所有物品的收纳。由于空间尺寸、飘窗位置等原因，布局不做调整。

物品

因为收纳体充足，物品可以隐藏，外部情况看起来并不算特别糟糕，但是收纳体内部混乱无序。此案例以学习用品为最多。

人

家长有意识地培养孩子自理能力，但是因为家长本身并不知如何收纳，引导力极为有限。本次的整理诉求是希望孩子能够掌握整理方法，指导方案由家长孩子共同学习。

（1）小物品类整理

针对孩子小、物品较多的情况，妈妈特地添置了 1.2 m×1.2 m 的储物柜。

抽屉是很好的空间分层工具，但是要用好，必须规划好每一格、每一抽屉内放置哪类物品。如果只是随意摆放，情况一样会很糟糕。

此案例中各类物品掺杂，分散在各处，必须重新分类摆放，所以一个抽屉一个抽屉地整理是无效的，必须全盘清出。

清出所有物品，妈妈和孩子惊呼"原来有这么多"，特别是学习用品类。这也是不做整理所意识不到的。一样是因为用时找不到，以为没有，不断重复购买。另外免费赠品也是一个来源。

整理方案

将所有物品大致分类，挑选起来更有头绪。暂时分为了文具类、纪念品类、绘画工具类、文件资料类。

几十支铅笔，几十支画笔，光胶水就足足7管。可以设想全部用完需要多久，更何况我们还在源源不断地买入。

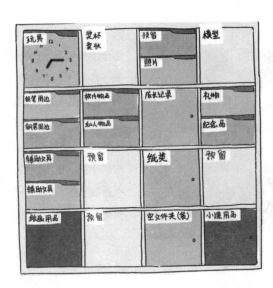

筛选后留下的物品可以根据收纳体的格局再决定分几类。如果分格少，将物品分出大类即可；此案例中分格较多，那么可以进行细分。再根据每类的数量多少、物品形态大小决定放置于何处。

摆放不需要过于苛刻，对于孩子来说，做好分类并按照类别维持好即可。

文件类指书籍外所有纸质但不限于纸质的、能够承载信息的物品。

由于纸质难以保存，建议尽量减少纸质文件，能改为电子档的尽量更改。不能更改为电子档的借助文件袋或文件夹，清晰地做好分类。方便查阅以及后续文件的进入，也可以更好地保存文件。具体分类方式看个人理解。

在亲子整理的文件中很多为奖状、证书等，其实孩子对此并没有兴趣，所以可以由家长代为管理。

（2）书籍类整理

儿童房内的书籍收纳没有规划，处于有空地就摆放的状态。

窗台飘窗长期堆放着书本，经整理发现都是低年级已不再使用的，没有规划好放置何处。

床头的收纳区存放了孩子幼时的绘本、玩具等。

整理方案

书柜用于收纳现阶段使用书籍。出于孩子身高考虑,第一层留白。

第二层: 为孩子最喜爱的读物,在整理中由孩子自己挑选出。

第三层：百科类书籍。

第四层：校内辅导书籍。

第五层：文学作品。

第六层：军事书籍。

书籍摆放稍有些满，但因为此案例孩子书籍的购买频率并不高，不会出现书籍大量进入的情况。目前状态尚可。

床前收纳柜用于收纳阅读频率低的书籍。经整理，筛选出一部分低龄的绘本送人，保留下少量成套的作纪念，放置在里口。右边上层定位摆放低年级书本，下层放置备用绘画用品。

因低年级书本使用频率极低，且大小不一、种类繁多，选择用百纳箱收纳，外部看起来整洁，且减轻收纳负担，集中收纳即可。

收纳工具使用前撕掉标签，减少冗余信息，外部看起来更加整洁。

（3）衣物类整理

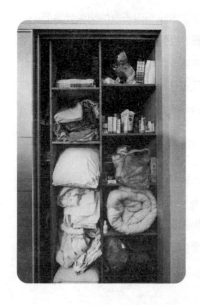

整面墙的衣柜，分为左右两部分。图中为右部。可见此空间并没有存放孩子的物品，被家长侵占。这就是我们前面说过的界限问题。

问及原因，妈妈表示孩子并没有那么多衣服要放。试想将此处空间还给孩子，便可以将文具类、书籍类安放在此处，还给孩子更多活动空间。

在此次整理指导中，此区域暂未整理。建议尽快将物品全部清除（客厅处有收纳橱可以放置），空间还给孩子。

橱柜内部格局设计不合理，高达一米三的一块空间只能用于堆叠物品。杂物类无序摆放，随之而来的是找不到、遗忘、重复购买。

衣橱左部为孩子空间，中间两个抽屉放置了药品及杂物。依旧是中国衣橱最常见的格子设计。因为高度问题，只能摆叠，以放置更多的衣物。但因为衣橱进深达 60cm，一摆造成空间浪费，里外两摆又造成拿取不便。经常遇到衣服来不及拿出来穿就已过季的情况。

整理方案

清空衣橱，找一处集中所有衣物。稍作分类摆放好，便于后续的筛选。如图大致分为短裤、长裤、毛衣、衬衫、T恤、棉袄、春秋外套、家居服等。

孩子及妈妈共同参与选择环节，共计筛选出42件衣物待处理，原因基本为尺寸显小。还清点出数条提前购买的裤子，远大于孩子现阶段尺寸。

整理中，大小不能把握的衣服可以让孩子当场试穿。在筛选中让孩子参与，有利于培养其美感及决断力。筛选完毕，会发现真正在穿的衣服并不多。

重新规划衣橱的使用。考虑孩子的身高，尽量降低摆放高度。现有空间内，所有衣物已全部收纳好，故悬挂区下方无须再摆放衣物。如后续再大量添置衣物或有收纳需求可借助收纳筐、盒等摆放。

外套优先悬挂，其次是衬衫。此案例中长袖 T 恤及卫衣也一并悬挂出来了。使用颜色统一的衣架，整洁有序，视觉效果更好。

最上部摆放使用频率最低的物品，此案例放置了非当季的棉服、毛衣。整理时，有几件棉服及毛衣在洗，待收入。采用平铺法即可，无须折叠。如果衣物较多可以使用一二两格。整理中妈妈提出疑问，第二格为最方便拿取的位置，不该放校服，但妈妈忽略了黄金区应该以孩子为准。对于孩子身高来说，第二格并不属于黄金区，正好放置一周使用一次的校服。衣物并非一定不能用摞叠方式，前提是少量。

小贴士

棉服的收纳

很多情况下，家中并没有百纳箱等用于收纳棉服。考虑到暴露在外，有落灰、褪色等问题，可以将棉服反向折叠，起到保护的作用。具体如图示，拉上拉链更好固定。

袜子内裤这样的小物件容易遗失，且零散不易收纳。常见家庭都是成包收纳，或直接放入抽屉中，使用的时候并不方便寻找，且看起来杂乱。

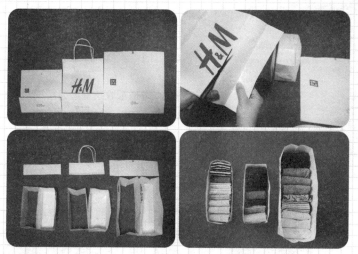

利用购物纸袋，形成一个小的收纳筐。结合前面示范的折叠法，摆放内裤、袜子最为合适。

上层抽屉放置了体育用品、跆拳道用品、口罩、防晒服等，下层抽屉放置内裤、袜子等。

左图区域为孩子的黄金区，首选放置最常用衣物，为方便拿取，故并不建议使用收纳箱摆放。衣物摞叠方式的缺陷我们都已知道，但是针对格子设计，采用立式折叠法只能摆放一层，这时我们可以借助收纳工具更好地利用空间。

如图，每格被收纳抽屉分割成两层，两格整理箱即形成四层的空间。

短袖T恤

外面一排为长裤，里排为短裤

非当季的棉裤

外面一排为家居服，里排为秋衣秋裤

整理完成后

整理结束一周后的回访时看到，妈妈购买了百纳箱收纳非当季衣物，视觉上更加整齐。

整理后，物品清晰有序，妈妈和孩子掌握了整理方法，孩子的维持工作也变得轻而易举。

小 贴 士

整理收纳的好坏，并不单纯以整洁度为衡量标准，还有空间是否合理规划、物品收纳体系是否建立等。

关注需求，与孩子共同成长

客厅平面图

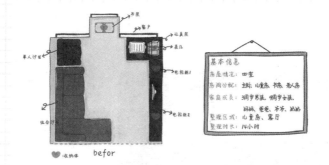

案例背景

空间

二宝暂无独立房间，与父母同睡，活动空间以客厅为主。
家中其他区域收纳体充足，但并没有进行全局的规划。

物品

物品多处于只进不出的状态，大宝的物品保留给二宝，
但并没有好好保存好好使用。

人

二宝在拿取玩具或书籍时通常整筐倒出，且使用后并无收纳意识。

可爱的宝贝
也有可爱的烦恼

整理 ing

（1）二宝玩具类

玩具架放置在角落，因外口被玩具遮挡，使用并不方便，所以闲置。玩具用若干塑料袋收纳，既不知道内容物，外观看起来也十分凌乱。

玩具用收纳箱盛放，数量多，拿取十分不便，是造成孩子每次玩耍时整箱倒出的原因。

减少塑料袋的使用，采用有型且规则的收纳体盛放，方便孩子拿取。

大件的玩具我们采用整筐收纳的方法，控制每筐的数量。小件玩具利用小的收纳筐做好分类，方便孩子拿取，也锻炼孩子的分类能力。

玩具架移出,方便孩子拿取,
使用时可以整筐移动。统一
款式的收纳筐降低收纳成
本,孩子归位也变得更轻松。

玩具架的收纳由孩子独立
完成。

（2）书籍类整理

二宝的书籍随意堆放在收纳柜内,
与杂物混杂在一起。因柜子前部
有花盆、玩具、杂物等,基本不
会使用。书籍上多数已落灰。

收纳柜因为材质原因，已经破损严重，却没有及时更换

常阅读书籍堆放在收纳箱内，但因为堆积数量多，使用性并不强。对于3岁孩子来说想要自己拿取并不容易。

所有书籍清空出来，经判断和证实，书籍使用率极低。只有在妈妈有空的时候，才会拿取一本与孩子共同阅读。

对书籍进行分类。幼儿绘本多为成套，可按系列整理好。

设置一处随手可拿取书籍的区域，有利于培养孩子的阅读习惯。幼龄段孩子对色彩较敏感，颜色艳丽容易吸引注意力，所以书籍尽量采用封面朝外的方式摆放。

小型的书籍、识字卡等可利用收纳筐竖立收纳，既能防止因其尺寸小而较零散，又能更好地利用空间。

书柜下部按常规方式摆放备用书籍，家长需要定期帮助孩子挑选一部分适龄的书籍更换至上部。

整理完成后

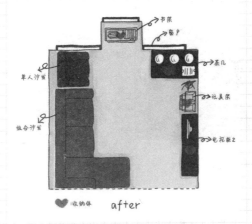

单人沙发

组合沙发

卡保

窗户

茶几

玩具保

电视柜2

♥ :收纳体   after

植物为了遮挡脱皮的墙体，变动位置后动线会更顺畅。

儿童房平面图

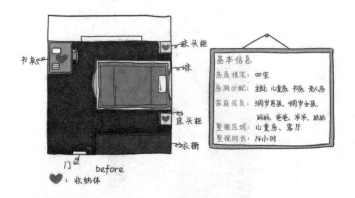

书桌

床头柜

床

床头柜

衣橱

门

before

💙 : 收纳体

基本信息

房屋情况：四室

房间分配：主卧 儿童房 书房 老人房

家庭成员：9岁男孩 4岁女孩、
妈妈、爸爸、爷爷、奶奶

整理区域：儿童房、客厅

整理时长：14小时

案例背景

空间

大宝有独立的儿童房，需满足学习、阅读、休息的功能，但是收纳体配备并不完整。房间使用传统布局，中间床，一边一个床头柜，角落摆放书桌，活动空间狭窄，行走十分不便。

物品

衣物类数量占比最大。对于物品没有爱惜使用。

人 家务交由阿姨代劳，爸爸妈妈对家中状况并不关注，甚至忽略孩子的成长需求，没有为孩子营造适宜的成长环境。而大宝对环境也并没有自己的想法。

整理 ing

（1）大宝书籍类整理

随着大宝的成长，书籍类物品越来越多，我们看到书籍处于随处摆放的状态，实则因为收纳体不足，没有固定地点以供收纳。现状是利用收纳箱堆放在阳台，而常用的书籍只能堆放在床头柜上。

整理方案

原书桌的位置添置了一个书柜，让书籍有地方可以摆放，满足孩子的成长需求。

因房间暂无其他收纳空间可以利用，所以书柜上空出一格供孩子摆放装饰品、红领巾等小物。英语和数学的用品单独使用了一层，分两摞摆放。

因为书柜尺寸等原因，杂志类的大开本书籍只能放置在最下层。

(2) 小物品类整理

此案例小物品数量并不多，但因为没有地方摆放，只能借助墙上的隔板放置。能放能挂的地方全部都放满。整个学习区非常杂乱。

整理方案

书桌上小物品随意摆放

书桌往左边移动，拆除原先墙上的隔板。搁板存在几大问题，第一，因为摆放的便利性容易造成物品的堆积；第二，因其完全暴露在外，视觉上非常杂乱；第三，容易落灰且不方便打扫。

经过选择，小物品保留了一部分。其他物品放置在书桌的隐藏区域。

书桌中间的小区域用来放置孩子备用的学习用品、姓名贴等小物。

(3) 大宝衣物类整理

整面墙衣橱是全部塞满的状态，全部清空后，大宝一人的衣物便堆满了整张床。妈妈喜欢购买衣物，使衣橱处于源源不断有物品进入的状态。

依旧是格子的设计，每一格堆满了衣物。只考虑容量并不考虑使用。

衣橱顶部有若干个小包，妈妈做收纳时偏好用塑料袋进行打包，认为可以保护衣物，而且方便拿取。

但事实是因看不到内容物而造成遗忘，另外，塑料袋颜色繁杂，也是造成凌乱的重要原因之一。

整理方案

将所有衣物清出，一地的塑料袋。

两箱夏季衣物，为上一次换季整理时摆放的，可见衣物被缩小折叠，挤压在一起。

经过一年的摆放，拿出来
的衣服非常皱

冬天已过去，还没来得及穿的棉袄，
吊牌都没有摘掉。提前购买现象严重。

从新衣服上取下的吊牌。买来即应该
使用，不然又为何购买。去掉包装，
取下吊牌，让衣物由等待状态进入在
岗状态。

9岁孩子的衣橱里，还有
孩子数月大时的衣物。

吊牌还没有取下，却已经小了只好舍弃的衣服

爸爸很喜欢购买袜子，常帮孩子成批购买，且基本不做筛选，导致越来越多。

请出的所有小物件铺满了半张床

还原衣橱格局，拆除试衣镜。发现左下部分有一处高 75cm，长 25cm 的长条区。除了堆放，根本无法使用，加之本身建议拆除左侧的西裤架。故针对此衣橱，建议左下部进行改造，拆除竖板，改为一根式悬挂。

因衣物堆积而无法使用的试衣镜。加之其拉出使用时，会受衣物影响，十分不便，故决定拆除。西裤架对于儿童衣橱来说完全无用，且收纳力差，拿取不便，亦建议拆除。

衣橱顶部及左下角共计四箱为非当季的衣物。建议客户购买尺寸合适的四个相同百纳箱，进行替换，四个箱子则可一并放置在衣橱顶部。悬挂区下方一包为礼服。右侧黄色箱内为校服。

孩子衣物的筛选相对成人较容易，因为尺寸问题，没有办法将就。经整理，筛选出150多件衣物，其中因尺寸小的问题而舍弃的衣物将近100件，其余有款式不合适、衣物老旧、染色等原因，穿到破损而丢弃的情况相对较少。我们生活在一个物质泛滥的时代背景下，衣物由买入到淘汰这一期间，可能被穿过的次数都少而又少。

因实际条件限制，衣橱格局暂不改动，只能借助
收纳工具弥补设计缺陷。此处尺寸小用夹层摆放
袜子、内裤等小物件最为合适，且对空间进行分
层，一目了然，拿取方便。

由于配件类较多，考虑其使用的便捷性，决定使用抽屉分类放置。

左上：家居服；右上：浴巾，毛巾；左下：围巾；右下：帽子

长袖T恤13件，可再放5件左右

短袖T恤25件

长裤 16 条。里排为休闲裤，外排为牛仔裤

裤子 21 条。里排为短裤，外排为七分裤

四个 40cm × 50cm 的收纳抽屉，共计收纳约 75 件衣物

整理完成后

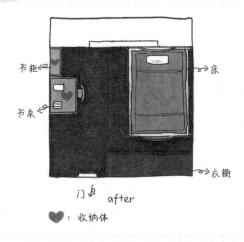

书柜

书桌

床

衣橱

门 after

❤：收纳体

摒弃传统的房间格局，转变床的方向，从而获得更大的活动空间。

感谢您看到了这里，本书是否给您带来了一些启发呢？在这里要再一次说明，没有最正确的收纳方法，也没有通用的整理方案，适合自己的才是最好的。

很感激我的客户们愿意将自己的家展露在读者面前，也感谢摄影师茶包的全程陪同拍摄。当然也要感谢我的先生孩子，对我在写书期间对他们照顾不周的体谅。

不善写作的我，在编辑老师和各位好友的鼓舞下，努力完成了此书，对我来说也是一个巨大的成长。